science·i

図解・速算の技術
一瞬で正確に計算するための極意

涌井良幸

SB Creative

著者プロフィール

涌井良幸(わくい よしゆき)

1950年、東京生まれ。東京教育大学(現・筑波大学)理学部数学科を卒業後、教職に就く。現在、高校の数学教師を務めるかたわら、コンピュータを活用した教育法や統計学の研究を行っている。おもな著書(共著)に『道具としてのフーリエ解析』『道具としてのベイズ統計』(日本実業出版社)、『数的センスを磨く超速算術』(実務教育出版)、『身のまわりのモノの技術』(中経出版)などがある。

ルミ
趣味はゴルフでスポーツ万能

クミ
3人のリーダー的存在。力持ち

ユミ
おっとり女子。好きな国はインド

本文デザイン・アートディレクション:クニメディア株式会社
イラスト:井上行広
校正:曽根信寿

はじめに

　学校で教わった算数や数学はきわめてオーソドックスなものである。そのため万能ではあるが、実際の計算に直面すると、なぜかうまくいかなかったり、時間がかかったりすることがある。たとえば、次の計算はどうだろうか?

$$398 \times 402$$

　もちろん、多くの人は「なに、簡単さ!!」といって、小学校で教わった縦書きの掛け算(筆算)に書き換えて、次のように答えを出すことだろう。

```
      398
    ×402
    ─────
      796
      000
   +1592
   ──────
   159996
```

だが、これだと何回も掛け算を行うため時間がかかる。それに、繰り上がりがたくさんあるので計算ミスも心配

である。こんなときは、ちょっと頭を柔らかくすれば、下のように簡単に答えを導くことができる。しかも、これなら暗算も可能である。

$$398 \times 402$$
$$= (400 - 2)(400 + 2)$$
$$= 400^2 - 2^2$$
$$= 160000 - 4$$
$$= 159996$$

もう1つ例を挙げてみよう。次の計算はどうだろうか？

$$164 \times 0.75$$

この計算も、先の例のように正攻法で考えれば、筆算で答えを求めることになる。しかし、次のように計算すれば、暗算でもすぐに答えが出てしまう。

$$164 \times 0.75$$
$$= 164 \times \frac{3}{4}$$
$$= 164 \div 4 \times 3$$
$$= 41 \times 3$$
$$= 123$$

このように、問題に直面したときは、なにがなんでも学校で教わった正攻法で攻めるのではなく、臨機応変に、個々の計算の特性に合った計算法で攻めるのが大事である。そして、このことがまさしく速算の技術なのであり、この臨機応変の精神は、我々の柔軟な思考力をい

ろいろな面で増進させることにもなる。

　また、本書では速算の技術だけでなく、すばやい「概算」や「検算」のテクニックも扱う。ここでの考え方は、細かいことは抜きにして、本質的な部分を即座に見抜くことにある。したがって、すばやく概算しようとすると、瞬時に物事の本質を見抜く必要に迫られる。この心がけは、計算のみならず生活や仕事においても生きる。人に先んじて数量的な本質を見抜く力は、あなたが生きていくうえで有効な武器となる。

　本書の前半は速算の基本的なテクニックと練習問題をたくさん紹介し、これらを使えるようになることを目的として書かれている。後半は、速算につながるいろいろな算術の知恵や、知っていると人生がおもしろくなる数の知恵を紹介している。

　本書を読むことにより計算の見方が変わり、数そのものに愛着を持ち、ひいては生活や仕事が楽しくなれば幸いである。

　なお、本書の執筆にあたり、科学書籍編集部の石井顕一氏と編集工房シラクサの畑中　隆氏には、多方面にわたるご指導を仰ぎました。この場をお借りして感謝の意を表させていただきます。

2015年3月　涌井良幸

CONTENTS

図解・速算の技術
一瞬で正確に計算するための極意

はじめに ……………………………………………………………… 3

第1章 速算の技術を支える基礎知識 …………… 11
- **1-1** 速算や概算ができる人とは？ ………………………… 12
- **1-2** 速算は万能薬ではなく特効薬 ………………………… 13
- **1-3** 速算は臨機応変に行う ………………………………… 14
- **1-4** 速算に修行はいらない ………………………………… 15
- **1-5** 速算は魔術にあらず …………………………………… 16
- **1-6** 速算の決め手は「キリのよい数」を選ぶこと ……… 17
- **1-7** 速算で大活躍する「補数」とは？ …………………… 18
- **1-8** 補数の簡単な求め方は？ ……………………………… 20

第2章 補数とキリ数を使う速算の技術 ………… 21
- **2-1** 補数を使って釣り銭を計算する ……………………… 22
- **2-2** 暗算は左から右にする ………………………………… 25
- **2-3** キリのよい数になる「相棒」を探す ………………… 28
- **2-4** 階段状態の数の和は真ん中に着目する ……………… 30
- **2-5** ざっくり引いてから微調整する ……………………… 33
- **2-6** たくさんある足し算と引き算は分離する …………… 36
- **2-7** 類似の数をたくさん足すには基準数を使う ………… 38
- **2-8** 同じ数の多い足し算・引き算は掛け算を使う ……… 40
- **2-9** 引き算では、両方に同じ数を足してから引く ……… 42
- **2-10** 5の掛け算は2で割って10を掛ける ………………… 44
- **2-11** 数を分解して「2×5」「4×25」をつくる ………… 46
- **2-12** 99との掛け算は100を掛ける ………………………… 48
- **2-13** 10や100以外の「キリのよい数」を見つける ……… 50

サイエンス・アイ新書

第3章	**パターンを使う速算の技術**	53
3-1	2桁(3桁、4桁、……)×11の形の掛け算	54
3-2	十の位の和が10、一の位が同じ数の掛け算	58
3-3	(□5)^{2}の形の計算	60
3-4	十の位が同じ数、一の位の和が10の掛け算	62
3-5	一の位の和が10、他の位が同じ数の掛け算	64
3-6	下2桁の和が100、他の位が同じ数の掛け算	66
3-7	真ん中の値に着目した計算の技術	68
3-8	キリのよい数字にして「平方数」を出す	70
3-9	100に近い数同士の掛け算のパターン	72
3-10	「6桁の立方根」も暗算で?	74

第4章	**計算をラクにする工夫の技術**	77
4-1	小さな約数に分解して掛け算を簡単にする	78
4-2	小数の掛け算を分数の掛け算にする	80
4-3	5で割ることは2を掛けて10で割ること	82
4-4	4で割るときは2で2回割る	84
4-5	1回で大変なら2度、3度割る	86
4-6	計算がラクになる順序に入れ替える	88

CONTENTS

4-7	3桁の数を9で割る計算を速算する	90
4-8	よく使われる2桁の平方数は覚える	93
4-9	補数を使って「引き算を足し算」にする	94
4-10	逆に引いて「高速引き算」をする	96
4-11	繰り上がり記号「・」で効率よく足し算する	98
4-12	大きな数の足し算は2桁で区切る	100
4-13	普通の2桁同士の掛け算をひと工夫する	102
4-14	「3桁×1桁」の掛け算も繰り上がりを気にしない	104
4-15	3乗、4乗を速算する	106

第5章 瞬時に本質をつかむ概算の技術 … 109

5-1	足し算・引き算は同じ位までの概数を利用する	110
5-2	同じ桁までの概数で掛け算・割り算する	112
5-3	「丸めの工夫」で掛け算を概算する	114
5-4	1に近い数のn乗を概算する	117
5-5	1に近い数の平方根を概算する	119
5-6	「$2^{10} ≒ 1000$」で概算する	120
5-7	有効数字の桁数を知ってムダな計算を省く	123

第6章 秒速で不備を発見する検算の技術 … 127

6-1	検算はいろいろな方法を使い分ける	128
6-2	「一の位」だけで瞬時に検算する	129
6-3	キリのよい数を使って大まかに検算する	130
6-4	九去法で検算する	132
6-5	足し算を九去法で検算する	134

6-6	引き算を九去法で検算する	137
6-7	掛け算を九去法で検算する	140
6-8	割り算を九去法で検算する	142

第7章 古今東西で使われている算術の技術 ... 145

7-1	「19×19」までのインド式暗算術を身に付ける	146
7-2	ロシア農民の掛け算の工夫を使いこなす	148
7-3	両手の指で掛け算する	150
7-4	「算木」を使った和式計算術を知る	152
7-5	「割り算九九」を知る	156
7-6	ガウスの天才的計算術を身に付ける	158
7-7	ズラして差を取る	160

第8章 日常生活で使える変換の技術 ... 163

8-1	元号を西暦に高速変換する	164
8-2	西暦を元号に高速変換する	165
8-3	記念日の曜日を求める	166
8-4	十二支が同じかどうかを速算する	168
8-5	消費税の「税抜き価格」を速算する	169
8-6	元金が2倍、3倍、4倍になる年数を速算する	170
8-7	人の命の価格を計算する	172
8-8	リーグ戦の試合数を速算する	174
8-9	トーナメント戦の試合数を速算する	175
8-10	長い行列の待ち時間を速算する	176

SB Creative

CONTENTS

8-11	「東京ドーム1杯分」で速算する	177
8-12	「ダンプ1杯分」で速算する	178
8-13	「駅まで徒歩〜分」の距離を速算する	179
8-14	「身体尺」で速算する	180
8-15	「1尋」の長さで速算する	181
8-16	「最大指幅」で速算する	182
8-17	ビルの高さを速算する	183
8-18	地球の大きさで大きな量を速算する	184
8-19	高地の気温を速算する	186
8-20	マイカーのCO_2排出量を速算する	188
8-21	手の指で二進数を十進数に高速変換する	189
8-22	十進数をn進数に高速変換する	192
8-23	対数で大きな数の概数を速算する	195

第9章 論理的に即断するための知識 … 201

9-1	「すべての大人はお金持ち」を否定すると?	202
9-2	「ある大人はお金持ち」を否定すると?	204
9-3	「18歳以上の男子」を否定すると?	206
9-4	「18歳以上か男子」を否定すると?	208
9-5	「雨が降れば道は濡れる」の「逆」は?	210
9-6	「雨が降れば道は濡れる」の「裏」は?	211
9-7	「道路が濡れていないので雨が降らなかった」の「対偶」は?	212
9-8	「必要」と「十分」を即断する	214

索引 … 215

第1章

速算の技術を支える基礎知識

速算のテクニックを学ぶ前に、まずは準備として速算そのものの考え方と、速算で使われる基本的な「道具」を紹介しておこう。ここでは特に補数とその求め方が大事だ。

1-1 速算や概算ができる人とは？

ポイント

速算できる人≒万事、頭の回転が速い人
≒正しい判断ができる人
≒各種試験に強い人
概算できる人≒物事の本質をつかめる人

　計算をテキパキとすばやく処理できる人、つまり、速算できる人は、端から見ていても実に気持ちがよい。速算できるというだけで、頭の回転が速い人、正しい判断ができる人と思える。

　実際、速算のできる人はいろいろな試験で高得点を取る。なぜなら、試験は一般に、限られた時間内にたくさんの問題を正確にこなす必要があるからだ。そのため、数量的な処理で手間取っていては、よい解答をだすことができない。

　このような処理は速算のテクニックを使ってすばやく済ませ、浮いた時間をじっくりと考えることに回すことができれば、それだけ質の高い解答をだせるわけだ。

　速算のテクニックの1つに概算がある。概算の精神というのは、細かいことは抜きにして、数量の本質的な部分を見抜くことにある。従って、ふだんから概算をすばやく行っていると、知らず知らずのうちに「物事の本質をつかむトレーニング」をしていることになる。この心がけは、計算のみならず生活や仕事においても活かされてくる。

　数量的な本質を見抜くテクニックを身に付けることは、仕事ができる人になるための大事な武器なのだ。

1-2 速算は万能薬ではなく特効薬

ポイント

学校で習う計算法は「万能薬」、速算は「特効薬」

　小学校で教わった足し算、引き算、掛け算、割り算の計算法は正攻法である。つまり、どんな場合でも、この方法に従って計算すれば、必ず正解が得られる。この正攻法は薬に例えると、どんな病気にも対応できる万能薬である。

　しかし、万能薬ゆえの「効くのが遅い」という欠点がある。特殊な病気に対しては、万能薬ではなく特効薬のほうがずっと速く治るのである。そのため病気を治療するには、万能薬だけでなくたくさんの特効薬も用意しておくとよい。計算においては、この特効薬の役割が速算のテクニックなのだ。

> 万能薬は使い道が多くて便利だけど時間がかかる

> 特効薬はピンポイントにしか使えないかわりに速く効く！

1-3　速算は臨機応変に行う

> **ポイント**
>
> 運動には体の柔軟性が必要。
> 速算には頭の柔軟性が必要

　スポーツの基本は体の柔軟性だ。これがないとなにをやってもぎこちない。仕事の基本も頭の柔軟性。日々直面する新たな問題に、経験や知恵を使って臨機応変に対処していく必要がある。

　速算も同じだ。固定観念にとらわれ、いつも同じ方法でしか計算できない人は失敗しやすい。なぜなら、速算には決まった方法はないからである。出会った計算に最も適した方法を瞬時に見いだし（判断し）、迅速に処理していくのが速算。だから、速算は頭の柔軟体操になる。その意味でも速算は実におもしろい。

> 体が硬いとボールが打ちにくい〜……

> 体が柔らかいと上達も速いわね！

1-4　速算に修行はいらない

ポイント

速算にハマると日々の計算が楽しくなる

　暗算が得意な人の中には「そろばん1級」といった人もいる。しかし、そろばんの達人になるには、長い期間の努力が必要で、誰でもできるものではない。

　しかし、速算は違う。これは計算を工夫し、できるだけ楽に計算する方法だからだ。つまり横着者の精神である。少しでも楽に計算したいな、という気持ちが速算術につながる。

　だから、速算に慣れるとハマってしまう。なぜなら、速算法を1つ覚えるたびに、とっても計算が楽になるからだ。無駄な労力を省ける。速算にハマると計算に対する見方も変わり、いつでもひと工夫したくなる。

> 速算は紙や鉛筆を使ってもいいけど、暗算だとステキだね

> えへへ、アタシはやっぱり計算機〜♪

1-5 速算は魔術にあらず

> **ポイント**

速算を支えているのは簡単な展開公式

　速算は速算術とも呼ばれるように、魔術のような特殊な技に思われがちだ。そう思われている方には申し訳ないのだが、速算術にはタネも仕掛けもある。なぜなら、中学校で学んだ数学の公式を上手に利用しているにすぎないからだ。だから、そんなに難しいものでも、神懸かったものでもない。おもに、中学校で学んだ下記の3つの公式を、臨機応変に応用しているだけである。

① $(a+b)(c+d) = ac + ad + bc + bd$
② $(a+b)^2 = a^2 + 2ab + b^2$
③ $(a+b)(a-b) = a^2 - b^2$

(1) 41×39
(2) 203×197

魔術なの?!

あ、暗算で?!

えへへ
タネも仕掛けも
ありますよ

答え
(1)1599
(2)39991

1-6 速算の決め手は「キリのよい数」を選ぶこと

ポイント

速算は、簡単に処理できる
10、100、1000、……が大好き

我々がふだん使っている数は十進数だ。$10\,(=10^1)$、$100\,(=10^2)$、$1000\,(=10^3)$、……などを繰り上がりの単位としている。従って、これらの数は足したり引いたり掛けたり割ったり（これを四則計算という）するのにきわめて使い勝手がよい。速算では、これらの数をキリのよい数（本書ではキリ数と略すこともある）とし、使いやすいというその性質を最大限に利用している。

例：67＋98

$\quad = 67+(100-2) = (67+100)-2 = 167-2 = 165$

> 10
> みんなキリのよい数になってみよう〜！
> 8は10−2、9は10−1ね
> 8　9
> 11は10＋1、12は10＋2ね
> 11　12

1-7 速算で大活躍する「補数」とは？

ポイント

補数を自由自在に使いこなす

10や100などの「キリのよい数」は速算でよく使われる。そのとき、もう1つ非常に大事な数がある。それが「補数」と呼ばれるものである。速算ではこの補数が大活躍するから覚えておきたい。数学における補数の厳密な定義はややこしいので、本書では補数を次の意味で使うことにする。

「aのcに対する補数bとは、$a+b=c$を満たすb」

そして、このcを基準数と呼ぶ。

ちょっと回りくどい言い方だが、具体例でいうと次のようになる。

① 9の10に対する補数は、$9+1=10$より1

② 2の100に対する補数は、$2+98=100$より98

③ 995の1000に対する補数は、$995+5=1000$より5

この例でわかるように、aとbは基準数cに対して互いに補数なのである。①では「10に対する9の補数は1」、また「10に対する1の補数は9」ともいえる。

ここで注意したいことがある。それは、基準数より大きな数についても補数を考えるということである。

「aのcに対する補数bとは、$a+b=c$を満たすb」

のことだから、たとえば、11の10に対する補数は$11+(-1)=10$より、-1ということになる。

「補数がマイナスの数になる」というのは、ちょっと違和感があ

るかもしれないが、慣れればなんでもない。元の数がキリ数より大きいために、マイナスする必要が出てきたのだ。ほかにも例を挙げておこう。

④ 12の10に対する補数は、12＋（－2）＝10より－2
⑤ 105の100に対する補数は、105＋（－5）＝100より－5
⑥ 1013の1000に対する補数は、1013＋（－13）＝1000より－13

なお、キリのよい10、100、1000、10000、……以外にも、場合によっては別の数を「キリ数」として利用することもある。

例）48の50に対する補数は、48＋2＝50より2

1を補って10になりたい！

－2を補って100になりたい！

15を補って100になりたい！

9　　102　　85

1-8 補数の簡単な求め方は？

> **ポイント**
>
> 大きな「補数」を求めるには、各位で「9との差」を取る。ただし、一の位だけは「10との差」を取る

補数を求めるのは簡単だ。クドクド説明はいらない。次の具体例で十分。たとえば1000に対する738の補数を求めるには、下の図のように「各位の9に対する補数（9との差）を列挙してできた数に1を足す」だけでよい。言い方を変えれば、「各位の9に対する補数を列挙する。ただし、一の位については10に対する補数とする」としてもよい。

1000に対する738の補数の求め方

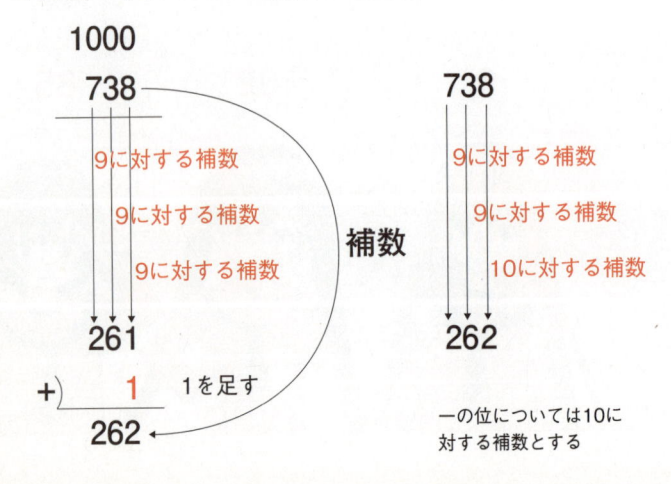

```
  1000
   738
    ↓↓↓
    9に対する補数
     9に対する補数
      9に対する補数
   261
 +   1   1を足す
   262
```
補数

```
   738
    ↓↓↓
    9に対する補数
     9に対する補数
      10に対する補数
   262
```
一の位については10に対する補数とする

第2章

補数とキリ数を使う速算の技術

この章では暗算でできる速算のテクニックを紹介しよう。速算そのものは、必ずしも暗算を前提にしていないのだが、暗算でできたほうが速い。初めは新しい見方や考え方に戸惑うが、この章で紹介したテクニックに慣れれば、誰でも暗算での速算が得意になる。

2-1　補数を使って釣り銭を計算する

例題

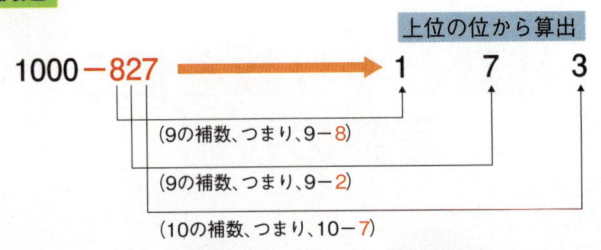

```
                              上位の位から算出
1000 − 827  ────────▶    1    7    3
        │                ↑    ↑    ↑
        └─(9の補数、つまり、9−8)
         └─(9の補数、つまり、9−2)
          └─(10の補数、つまり、10−7)
```

　これは **1-8** で紹介した計算法だ。買い物をしたとき、千円札や1万円札で支払ってお釣りをもらうことはよくある。その際、一の位から十の位、百の位へと計算していったら大変だ。

　この場合は、上位の位から計算し、答えは各位の9に対する補数を求めればよい。ただし、一の位だけは10の補数を求めることに注意。縦書きの引き算で原理を示すと下図のようになる。

$$
\begin{array}{r}
\overset{9\ 9\ 10}{1000} \\
-\ 827 \\
\hline
173
\end{array}
$$

　　　　↑　　　↑　　　↑
　9の補数　9の補数　10の補数
　────────────▶
　　　上位の位から算出

第2章 補数とキリ数を使う速算の技術

練習1　初級編

(1) 100 − 87　　=1(=9−8)3(=10−7)=13
「87」を引くので、十の位の「8」から考えていく。「8」に対しては「9−8=1」だ。次に一の位だけは「10から引く」ので、「7」に対しては「10−7=3」となり、答は13。

(2) 100 − 76　　=2(=9−7)4(=10−6)=24
「76」を引くので、十の位の「7」から考えていくと「9−7=2」。一の位は「10から引く」ので、「6」に対しては「10−6=4」で、答は24。

(3) 100 − 42　　=5(=9−4)8(=10−2)=58
「42」とあるので、「58」と速算できる。

(4) 1000 − 298　　=7(=9−2)0(=9−9)2(=10−8)=702
3桁の数を引く場合でも同じだ。「298」とあるので、「9−2」「9−9」そして最後は「10−8」と考えればいい。

上の位から引いていくと速いんだって！

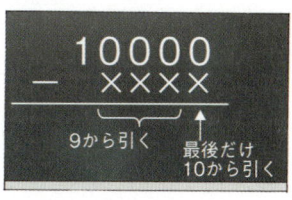

10000
− ××××
9から引く　　最後だけ10から引く

(5) 1000 − 672　　　=3(=9−6)2(=9−7)8(=10−2)=328

(6) 1000 − 594　　　=4(=9−5)0(=9−9)6(=10−4)=406

(7) 10000 − 6521　　=3(=9−6)4(=9−5)7(=9−2)9(=10−1)=3479

(8) 10000 − 1371　　=8(=9−1)6(=9−3)2(=9−7)9(=10−1)=8629

(9) 10000 − 8935　　=1(=9−8)0(=9−9)6(=9−3)5(=10−5)=1065

練習2　中級編

(1) 8000 − 7365　　=8000−7000−365
　　　　　　　　　=1000−365
　　　　　　　　　=6(=9−3)3(=9−6)5(=10−5)=635
　　　　　　　　　10や100、1000などとは違い、キリのよい数が
　　　　　　　　　8000となっている。ちょっと工夫してみよう。

(2) 5000 − 4311　　=5000−4000−311
　　　　　　　　　=1000−311
　　　　　　　　　=6(=9−3)8(=9−1)9(=10−1)=689

(3) 5000 − 298　　=4000+1000−298
　　　　　　　　　=4000+7(=9−2)0(=9−9)2(=10−8)
　　　　　　　　　=4000+702=4702

2-2 暗算は左から右にする

例題

左から右へ →

45＋37＝45＋(30＋7)＝75＋7＝82

分割

左から右へ →

6×45＝6×(40＋5)＝6×40＋6×5＝240＋30＝270

分割

　もし上の例題が (45 + 37) ではなく (43 + 33) であれば、いつもの筆算でやるように、一の位から計算して (3 + 3 = 6) となり、さらに十の位も (4 + 3 = 7) で、繰り上がりをせずに計算できる。これなら暗算でもできそうだ。

　しかし、例題の (45 + 37) を暗算で計算しようとすると、一の位の (5 + 7 = 12) からスタートして、いきなり繰り上がりが出てきて困る。繰り上がったので、その1を頭の片隅に覚えておいて、次の十の位

> 123は百二十三と左から右に読むよね。計算もこれが自然かも！

の計算をしなければならない。暗算でやるには、ちょっと苦しい。

これに比べ、冒頭の方法は省エネ計算だ。まず最初に、45に37の左の部分(十の位)の30だけを足して75とする。これなら暗算可能。次に、37の右の部分(一の位)の7を足して82とする。ずいぶん簡単に計算できた。

掛け算でも同様である。6×45の場合は6に45の左側(十の位)の40を先に掛けて240を求めておく。次に、45の右側(一の位)の5を掛けた30を、先ほどの240に足して270を得る。文字で説明すると複雑に思えるかもしれないが、冒頭の計算を見ればいかに簡単かがわかる。

筆算の「一の位→十の位……」という計算順序に慣れているためか、初めは違和感があるかもしれない。けれども、「左から右へ」の計算に慣れてくると、暗算にはこのほうがずっと適していることがわかってもらえるはずだ。

練習問題をやってみよう。

練習1　足し算編

(1) 52 + 39　　=52+30+9=82+9=91
一の位の「2と9」に目をやらない。「52+30」と思うことが大事。これなら82と暗算できる。

(2) 23 + 17　　=23+10+7=33+7=40

(3) 63 + 44　　=63+40+4=103+4=107

(4) 87 + 95　　　　　=87+90+5=177+5=182

(5) 532 + 391　　　　=532+300+91=832+90+1=922+1=923
　　　　　　　　　　数の大きさに驚かない。「391」を「300」「90」「1」の3
　　　　　　　　　　つに分けていく。そうすれば、532+300=832と計算
　　　　　　　　　　できる。1桁の足し算になる。

練習2　掛け算編

(1) 62 × 3　　　　　=60×3+2×3=180+6=186
　　　　　　　　　　右側の数字が1桁なので、左側の数字を分解してやる。
　　　　　　　　　　臨機応変に。

(2) 52 × 31　　　　 =50×31+2×31=1550+62=1612
　　　　　　　　　　もちろん、52×30=1560、52×1=52。よって、
　　　　　　　　　　1560+52=1612としてもいい。掛ける数、掛けられ
　　　　　　　　　　る数のどちらかしか分解して考えられないよりも、どちらも
　　　　　　　　　　できるようにしておこう。そうすると、すごく簡単な計算に
　　　　　　　　　　なることもあるからだ。

(3) 23 × 42　　　　 =23×40+23×2=920+46=966

(4) 82 × 25　　　　 =80×25+2×25=2000+50=2050

(5) 162 × 3　　　　 =100×3+60×3+2×3=300+180+6
　　　　　　　　　　=480+6=486

2-3 キリのよい数になる「相棒」を探す

例題

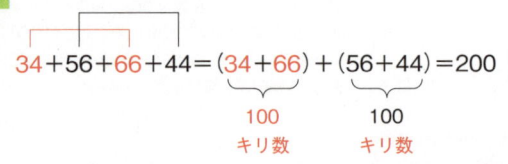

$$34+56+66+44=(34+66)+(56+44)=200$$

(34+66) → 100 キリ数
(56+44) → 100 キリ数

　たくさんの数の計算をする場合、すぐにアタマから計算を始める人がいるが、ちょっともったいないし、ミスのもと。そういう場合は、まずひと呼吸置く。そして、「この計算に適した、なにか簡単にできる方法はないか」と考える。これが速算術の基本精神である。

　このときに考慮したいのは「うまい組み合わせのペアを見つけて、キリのよい数（キリ数）をつくれないか」ということである。いわゆるパートナー探し。ラクな計算はミスも少なくなる。パートナーがいないようであれば、別の速算方法を探っていけばよい。

> うまい組み合わせのペアを見つけよう！

練習

(1) $9+3+7+2+1$ $=(9+1)+(3+7)+2$
                                 $=10+10+2=22$

(2) $82+101+18-1$ $=(82+18)+(101-1)$
                                    $=100+100=200$

(3) $99+508+301+392$ $=(99+301)+(508+392)$
                                              $=400+900=1300$

(4) $179+312+208+701$ $=(179+701)+(312+208)$
                                                $=880+520=1400$

(5) $256-1011+104+111$ $=(256+104)-(1011-111)$
                                                 $=360-900=-540$

(6) $899+508-398+392$ $=(899-398)+(508+392)$
                                              $=501+900=1401$

縦書きだと計算しやすい。

(7) $5+7+8+5+6+3$ (8) $-5+7+8+5-6+3$

```
   ⑤ ╮
   ⑦ ├10
   8  │
   ⑤ ╯
   6
 +)③ ──10
   ──
   34
```

```
   −5 ╮
   ⑦ ├0
   8  │
   ⑤ ╯
  −6
 +)③ ──10
   ──
   12
```

2-4 階段状態の数の和は真ん中に着目する

例題

5個の数 (奇数個の場合)

$$2+4+6+8+10 = 6 \times 5 = 30$$
(2ずつ増えている)

4個の数 (偶数個の場合)

$$21+26+31+36 = (26+31) \times (4 \div 2) = 57 \times 2 = 114$$
(5ずつ増えている)

一定の数だけ次々に増えていく数——それを全部足していないだろうか。こんな計算は「足し算→掛け算」に変えてやるだけでいい。

① 足す数の個数が奇数の場合

奇数個の計算の場合は、「真ん中の数×数の個数」とすればいい。

② 足す数の個数が偶数の場合

$$a+b+c+d+e$$
$$=c \times 5$$
$$=(真ん中の数) \times (数の個数)$$

奇数個の場合ね

足す数が偶数個の場合はちょっと面倒。「真ん中の2つの数を加え、数の個数の半分の値」を掛けてやればいい。もちろん、「真ん中の2つの数を足して2で割り、そこに数の個数を掛ける」というやり方でもいい。やりやすい方法を使おう。

偶数個の場合ね

$a+b+c+d+e+f$
$=(c+d)×(6÷2)$
$=$(真ん中の2つの数の和)
　　×(数の個数の半分)

練習

(1) $1+2+3+4+5$

$=3×5=15$
「1ずつ増える足し算」で、個数は奇数個(5個)だ。よって真ん中の数「3」を5倍してやる。

(2) $1+2+3+4+5+6$

$=(3+4)×3=21$
「1ずつ増える足し算」で、今度は偶数個(6個)だ。よって、真ん中の2つの数「3+4」を6倍して2で割ってやる。

(3) $30+40+50+60$

$=(40+50)×2=180$

(4) $30+40+50+60+70$　　　$=50×5=250$

(5) $3+5+7+9+11+13+15$

$=9×7=63$
これは「2ずつ増える足し算」だ。でもやり方は同じ。奇数個（7個）なので、真ん中の数「9」を7倍してやるだけ。

(6) $3+5+7+9+11+13+15+17$

$=(9+11)×4=80$
「2ずつ増える足し算」で、偶数個（8個）なので、真ん中の2つの数の和「9+11」を4倍（8÷2）してやる。あるいは、真ん中の2つの数の和（9+11=20）を先に2で割って10、これに8を掛けてもいい。この問題ではそのほうが暗算もラク。

> この考え方を一般化したのが
> 7-6「ガウスの天才的計算術を身に付ける」
> なんだって！

2-5 ざっくり引いてから微調整する

例題

$$95-81=(95-80)\ -1\ =14$$

　　　　　　　　キリ数を引く　微調整

$$95+81=(95+80)\ +1\ =176$$

　　　　　　　　キリ数を足す　微調整

　引き算では、「引く数」にキリのよい数（キリ数）が来ると、計算がすごくラクになる。そこで、例題のような場合、引く数「81」をキリのよい数「80」と、キリのよくない数「1」に分割して、まず、ざっくりとキリのよい数のほうの「80」を引いてしまう。その後、引き足りない（あるいは引きすぎた）数「1」を調整するというのがこのテクニックである。

　なお、この考え方は足し算にも使える（例題参照）。まずは、キリのよい数を足してしまう。その後、足し足りなかった（足しすぎた）数を調整すればよい。

　ところでこの計算方法、どこかで見覚えがないだろうか。そう、形は **2-2** とまったく同じなのだ。**2-2** では (45 + 37) なら、十の桁、一の桁を別々に足していった。つまり、(45 + 30) = 75 とし、次に (75 + 7 = 82) のように計算した。

　今回も形は同じだが、考え方が少し違う。**2-2** ではキリのよい数か否かにかかわらず、2つに分割した。だから「39を足す」という場合でも、「30」と「9」に分けた。

　しかし、ここではちょっと違う。「39を足すなら、キリのよい40を先に足す」、そして「後で1だけ調整する」という考え方だ。

最初に大きなバケツでざっくりすくって、最後に微調整をする発想なのである。

> 後で調整すればいいんだね

練習

(1) 77 − 61　　　　　　　　　=77−60−1=17−1=16

(2) 85 + 41　　　　　　　　　=85+40+1=125+1=126

(3) 781 − 67　　　　　　　　=781−60−7=721−7=714
　　　　　　　　　　　　　　3桁でも考え方は同じだ。あわてない。
　　　　　　　　　　　　　　引く数は2ケタで67だから「60+7」。
　　　　　　　　　　　　　　「70−3」と考えてもいい。

(4) 2981 − 603　　　　　　　=2981−600−3=2381−3=2378

(5) 859−298　　　　　　　=859−300+2=559+2=561

(6) 651−67　　　　　　　=651−70+3=581+3=584
　　　　　　　　　　　　引く数は（3）と同じ「67」だ。今回は
　　　　　　　　　　　　「70−3」で計算してみた。

(7) 3584−1982　　　　　=3584−2000+18=1584+18=1602
　　　　　　　　　　　　ふつう、これを暗算するのは無理だが、ざっく
　　　　　　　　　　　　り2000を引いてから調節するなら、できる。

(8) 981+67　　　　　　　=981+60+7=1041+7=1048

(9) 1981+603　　　　　　=1981+600+3=2581+3=2584

(10) 759+298　　　　　　=759+300−2=1059−2=1057

(11) 783+102　　　　　　=783+100+2=883+2=885

(12) 4727+3984　　　　　=4727+4000−16=8727−16=8711
　　　　　　　　　　　　この計算も暗算では無理だが、「ざっくり算」で
　　　　　　　　　　　　8727とし（実質1桁の計算）、そこから16を引く。

2-6 たくさんある足し算と引き算は分離する

例題

$$8-3+2-1+4-5$$
$$=(8+2+4)-(3+1+5)$$
$$=14-9=5$$

足し算と引き算は分離せよ！

上の例題のように、足し算と引き算がたくさん混じっている計算はめんどうだ。その場合には、いったん「足し算と引き算を分離」するとよい。すると、引き算をするのは最後の1回だけになる。

分離、分割は速算の基本だね！

練習

(1) $4-8+2-4+1-5$
$\quad= (4+2+1)-(8+4+5)$
$\quad= 7-17$
$\quad= -10$

(2) $40-10+70-20+30-10$
$\quad= (40+70+30)-(10+20+10)$
$\quad= 140-40$
$\quad= 100$

(3) $28-12-29+83$
$\quad= (28+83)-(12+29)$
$\quad= 111-41$
$\quad= 111-1-40$
$\quad= 70$

(4) $750-120-270+85-130$
$\quad= (750+85)-(120+270+130)$
$\quad= 835-520$
$\quad= 835-500-20$
$\quad= 335-20$
$\quad= 315$

2-7 類似の数をたくさん足すには基準数を使う

例題

$$102+98+105+99$$
$$=(100+2)+(100-2)$$
$$+(100+5)+(100-1)$$
$$=\underbrace{100\times 4}_{簡単!!}+\underbrace{(2-2+5-1)}_{簡単!!}=400+4=404$$

基準数100に着目!

　上の例題では、ふつうはアタマから計算してしまいがちだ。だがよく見ると、98〜105という近い数の計算だ。こういう場合には、なにか基準となる数を適当に見つける。すると、その「基準数からズレた分を足したり、引いたりすればよい」ので、それだけ計算が速くなる。基準数はなんでもよいが、ズレた分の足し算・引き算が簡単にできるようなキリのよい数を選ぶべきだ。

基準数

私が基準ね！

練習

(1) 12+9+11+8

→（基準数を10とする）
=(10+2)+(10−1)+(10+1)+(10−2)
=10×4+(2−1+1−2)
=40+0=40

なお、この問題では相棒（**2-3**参照）を探して、
12+9+11+8
=(12+8)+(9+11)
=40
でもよい。

(2) 52+49+54+48

→（基準数を50とする）
=(50+2)+(50−1)+(50+4)+(50−2)
=50×4+(2−1+4−2)
=200+3=203

(3) 107+95+102+98

→（基準数を100とする）
=(100+7)+(100−5)+(100+2)
　+(100−2)
=100×4+(7−5+2−2)
=400+2=402

(4) 812+799+783+802

→（基準数を800とする）
=(800+12)+(800−1)+(800−17)
　+(800+2)
=800×4+(12−1−17+2)
=3200−4
=3196

(5) 1024+989+1011+1008

→（基準数を1000とする）
=(1000+24)+(1000−11)
　+(1000+11)+(1000+8)
=1000×4+(24−11+11+8)
=4000+32=4032

2-8 同じ数の多い足し算・引き算は掛け算を使う

例題

$$3+5+4+5+5+6+3+3+5+3+3$$
$$=5\times4+3\times5+4+6=20+15+10=45$$

掛け算を使え!!

掛け算はもともと足し算の簡便法として考えられたものである。従って、「同じ数の足し算・引き算」では、掛け算をうまく使うことにより速算が可能になる。

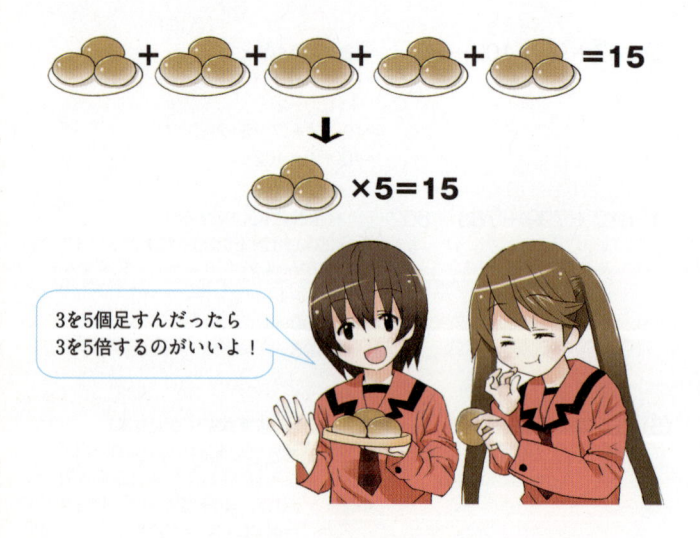

3を5個足すんだったら3を5倍するのがいいよ！

第2章 補数とキリ数を使う速算の技術

練習

次の足し算を、掛け算をうまく使って解きなさい。

(1) 2＋7＋3＋2＋3＋3＋2

=2×3＋3×3＋7
=6＋9＋7＝22

(2) 5＋1＋5＋1＋1＋1＋5＋1

=5×3＋1×5
=15＋5＝20

(3) 23＋75＋23＋25＋23＋30

=23×3＋(75＋25)＋30
=69＋130＝199

(4) 102＋110＋102＋100＋102

=102×3＋110＋100
=306＋210＝516

(5) 63－71＋63－71＋70＋63

=63×3－71×2＋70
=189－142＋70
=(189＋70)－142
=259－140－2
=119－2＝117

縦書きだと計算しやすい。

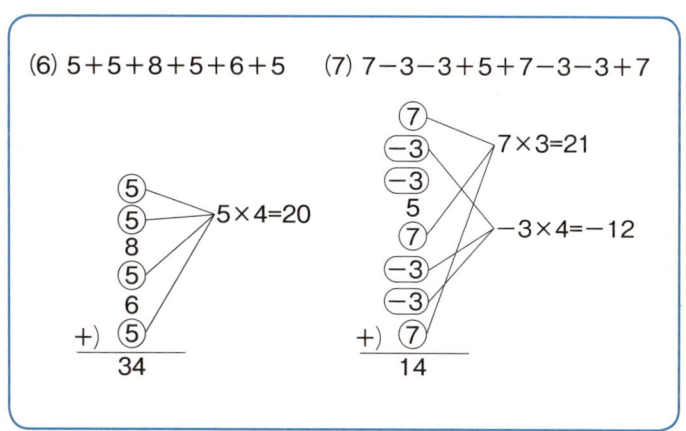

(6) 5＋5＋8＋5＋6＋5

⑤
⑤
8
⑤   5×4=20
6
+) ⑤
─────
34

(7) 7－3－3＋5＋7－3－3＋7

⑦
−3
−3   7×3=21
5
⑦
−3   −3×4=−12
−3
+) ⑦
─────
14

2-9 引き算では、両方に同じ数を足してから引く

例題

① $75-58 = (75+2)-(58+2) = 77-60 = 17$
　　　　　　　　↑　　　　　↑　　　　　　簡単!!
　　　　　　　2を足す　　2を足す

② $78-52 = (78-2)-(52-2) = 76-50 = 26$
　　　　　　　　↑　　　　　↑　　　　　　簡単!!
　　　　　　　−2を足す　−2を足す
　　　　　（つまり、2を引く）（つまり、2を引く）

　キリのよい数は計算しやすい。特に引き算においては「引く数」がキリのよい数だとかなりラク。そこで次のテクニックを覚えておこう。

「引く数と引かれる数の両方に同じ数を足してから引け」

　なぜこのような計算ができるのかは、次のパターンの式を見れば明らかである。

$$a-b=(a+\blacktriangle)-(b+\blacktriangle)$$

　つまり、両方に足した▲は結果的に消えてしまうのである。この▲はどんな数でも（もちろん負の数でも）よいのだが、速算につなげるためには「引く数」がキリのよい数になるようにすると都合がいい。そのためには「引く数」の補数を利用する。

例題①の例では、58の60（これをキリのよい数と考えた）に対する補数2を利用している。②の例では、52の50（これをキリのよい数と考えた）に対する補数−2を利用している。

練習

(1) 81 − 67　　　　　　=(81+3)−(67+3)=84−70=14

(2) 61 − 38　　　　　　=(61+2)−(38+2)=63−40=23

(3) 89 − 62　　　　　　=(89−2)−(62−2)=87−60=27

(4) 98 − 41　　　　　　=(98−1)−(41−1)=97−40=57

(5) 981 − 67　　　　　　=(981+3)−(67+3)=984−70=914

(6) 759 − 298　　　　　=(759+2)−(298+2)=761−300=461

(7) 8725 − 6899　　　　=(8725+101)−(6899+101)
　　　　　　　　　　　　=8826−7000=1826

2-10 5の掛け算は2で割って10を掛ける

例題

$$284 \times 5 = \underbrace{284 \div 2 \times 10}_{\text{簡単に!}} = 142 \times 10 = 1420$$

「5を掛ける」ことは「2で割って10を掛ける」ことと同じである。あるいは順番を変えて「10を掛けて2で割る」でもいい。暗算では、この方法も試みるとよい。

なお、「2で割って……」からか「10を掛けて……」からかは場合によるので、いずれの方法も使えるようにしておこう。

■ × 5 ➡ ■ ÷ 2 × 10

■ × 5 ➡ ■ × 10 ÷ 2

練習

(1) 24 × 5　　　　　　　=24÷2×10=12×10=120

(2) 83 × 5　　　　　　　=83×10÷2=830÷2=415
　　　　　　　　　　　　掛けられる数がこのように奇数の場合、最初に2
　　　　　　　　　　　　で割るよりも、いったん10倍したほうがいい。

(3) 86 × 5　　　　　　　=86÷2×10=43×10=430

(4) 342 × 5　　　　　=342÷2×10=171×10=1710

(5) 846 × 5　　　　　=846÷2×10=423×10=4230

(6) 1832 × 5　　　　=1832÷2×10=916×10=9160

(7) 283 × 5　　　　　=283×10÷2=2830÷2=1415

(8) 847 × 5　　　　　=847×10÷2=8470÷2=4235

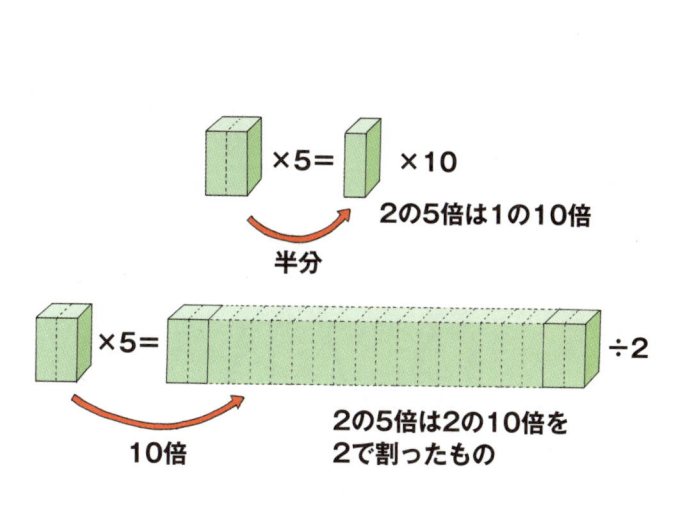

×5＝　　×10
2の5倍は1の10倍
半分

×5＝　　　　　　÷2
10倍
2の5倍は2の10倍を
2で割ったもの

2-11 数を分解して「2×5」「4×25」をつくる

例題

① 35×18＝7×(5×2)×9＝63×10＝630

　　　　　　　5の倍数　2の倍数

② 75×36＝3×(25×4)×9＝27×100＝2700

　　　　　　　25の倍数　4の倍数

35は7×5のように分解して、小さな数の掛け算にできる。このように分解することでうまく2と5をつくることができれば2×5

=10となり、その後の計算が簡単になって、速算につながることになる。同様にして、数を分解して4×25をつくることができれば、100を掛ける計算となるので速算につながる。

練習

(1) 45×14　　　　　　　$= 9 \times (5 \times 2) \times 7 = 63 \times 10 = 630$

(2) 16×15　　　　　　　$= 8 \times (2 \times 5) \times 3 = 24 \times 10 = 240$

(3) 26×25　　　　　　　$= 13 \times (2 \times 5) \times 5 = 65 \times 10 = 650$

(4) 14×65　　　　　　　$= 7 \times (2 \times 5) \times 13 = 91 \times 10 = 910$

(5) 6×125　　　　　　　$= 3 \times (2 \times 5) \times 25 = 75 \times 10 = 750$

(6) 32×35　　　　　　　$= 16 \times (2 \times 5) \times 7 = 112 \times 10 = 1120$

(7) 246×15　　　　　　$= 123 \times (2 \times 5) \times 3 = 369 \times 10 = 3690$

(8) 24×125　　　　　　$= 6 \times (4 \times 25) \times 5 = 30 \times 100 = 3000$

(9) 175×64　　　　　　$= 7 \times (25 \times 4) \times 16 = 112 \times 100 = 11200$

(10) 44×325　　　　　$= 11 \times (4 \times 25) \times 13 = 143 \times 100 = 14300$

(注) (10)の計算途中にある 11×13 は **3-1**「2桁(3桁、4桁、……)×11の形の掛け算」を参照。

2-12 99との掛け算は100を掛ける

例題

$$78 \times \underset{\text{99ときたら100を使え!}}{\underline{99}} = 78 \times (\underline{100} - 1)$$

　99との掛け算をまともにやると、どう見ても面倒だ。キリのよい数100を利用するとよい。99を100とその補数1を用いて書き換えることによって、掛け算が簡単な引き算になる。また、その引き算に補数の考え方を利用すると、さらなる速算につながる。なお、99に限らず999や9999でも、同じく1000や10000を利用すると計算が速くなる。

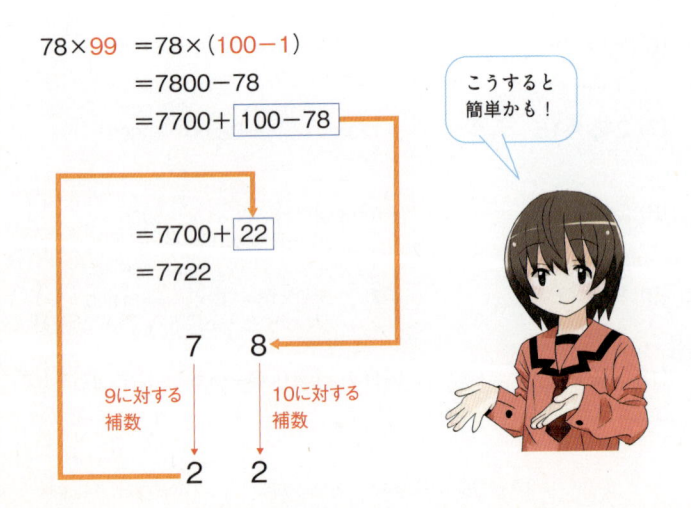

$$
\begin{aligned}
78 \times 99 &= 78 \times (100 - 1) \\
&= 7800 - 78 \\
&= 7700 + \boxed{100 - 78} \\
&= 7700 + \boxed{22} \\
&= 7722
\end{aligned}
$$

こうすると簡単かも！

7　8
9に対する補数　　10に対する補数
2　2

練習

(1) 65 × 99   =65×(100−1)=6500−65=6435

(2) 13 × 99   =13×(100−1)=1300−13=1287

(3) 98 × 99   =98×(100−1)=9800−98=9702

(4) 23 × 999   =23×(1000−1)
                    =23000−23
                    =22900+100−23=22977

(5) 438 × 999   =438×(1000−1)
                    =438000−438
                    =437000+1000−438=437562

(6) 832 × 999   =832×(1000−1)
                    =832000−832
                    =831000+1000−832=831168

(7) 35 × 9999   =35×(10000−1)
                    =350000−35
                    =349900+100−35=349965

なお、上記の引き算においては1-8「補数の簡単な求め方は？」が有効である。

2-13 10や100以外の「キリのよい数」を見つける

例題

① 44×⑲=44×(⑳−1)=880−44=836

　19ときたらキリ数20を使え!

② 44×㉑=44×(⑳+1)=880+44=924

　21ときたらキリ数20を使え!

　ここでは、**2-12**の考え方を発展させてみよう。44×19よりも44×20のほうが計算は圧倒的に簡単だ。すぐに880と暗算できる。もちろん、本当は19のところを20を掛けたのだから、1個分だけ後から引かねばならない。この引き算が苦でなければ、上記の例のようにキリ数(キリのよい数)を掛けてしまったほうが速算につながる。

練習

(1) 57×29　　　=57×(30−1)=1710−57
　　　　　　　　=1710−50−7=1660−7=1653

(2) 57×31　　　=57×(30+1)=1710+57=1767

(3) 125×51　　=125×(50+1)=6250+125=6375

(4) 64×19　　　=64×(20−1)=1280−64=1216

第2章 補数とキリ数を使う速算の技術

(5) 26×89　　　　　＝26×(90−1)＝2340−26＝2314

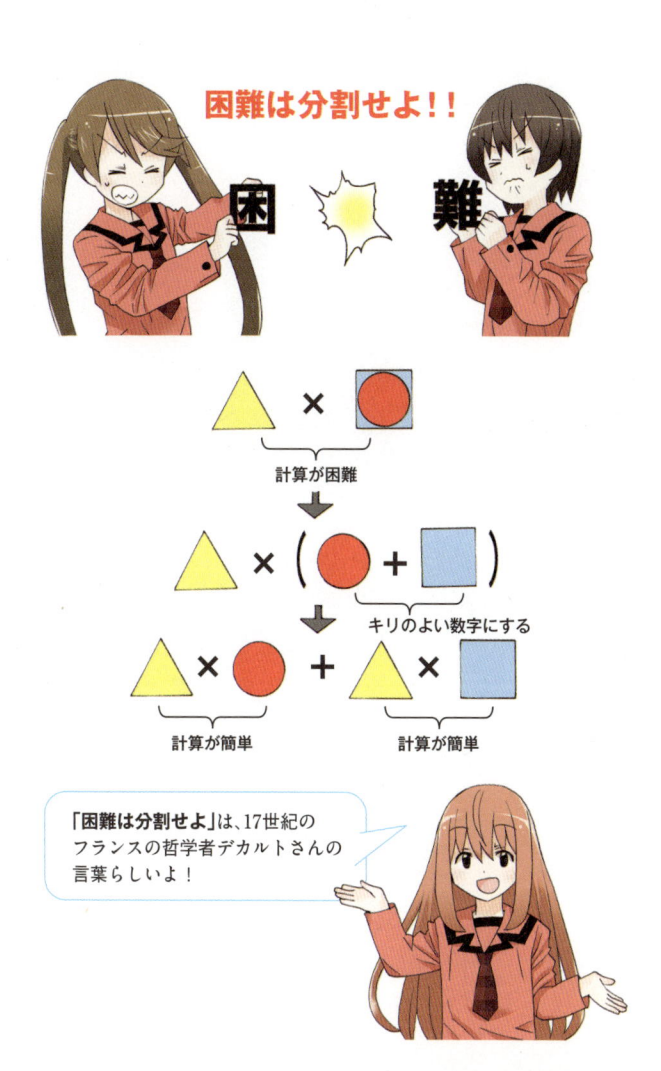

困難は分割せよ！！

困　難

△ × ■
↓
計算が困難

△ × (● + ■)
　　　　　　　キリのよい数字にする
↓
△ × ●　＋　△ × ■
計算が簡単　　　計算が簡単

「困難は分割せよ」は、17世紀のフランスの哲学者デカルトさんの言葉らしいよ！

第3章

パターンを使う速算の技術

第1章で、速算の技術は特効薬といった。計算をよく見ると、特殊なパターンが多い。それを見抜くと、403 × 39 といった計算も暗算でできる。ここでは特効薬のパターンをできるだけ身に付けて、すぐに使えるようにしよう。見違えるほど計算力がアップするはずだ。

3-1 2桁（3桁、4桁、……）×11の形の掛け算

例題

$$23 \times 11 = 2\ \Box\ 3 = 253$$

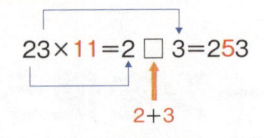

$$\uparrow$$
2+3

典型的な速算のパターンの1つが、「2桁の数と11の掛け算」だ。例題のように「23×11」であれば、掛けられる23の数の一の位の数3が答えの一の位の数として決定。十の位の数2が答えの百の位の数に決まる。また、掛けられる数23の一の位と十の位の数を足した値（2＋3）が答えの十の位の数になる。もちろん、答えの十の位の数が2桁になれば繰り上がる。この原理は、下記の計算式を見ればわかる。

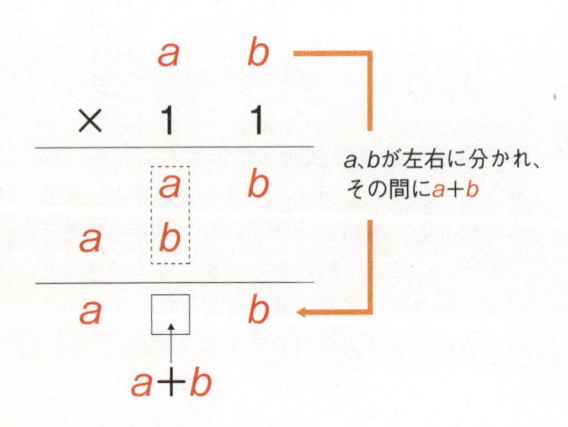

```
         a  b
    ×    1  1
    ─────────
         a  b
      a  b
    ─────────
      a  □  b
         ↑
        a+b
```

a、*b*が左右に分かれ、その間に*a*＋*b*

第3章 パターンを使う速算の技術

> 練習

(1)
```
      7   2
  ×   1   1
  ─────────
      7 9 2
        ↑
       7+2
```

(2)
```
      8   7
  ×   1   1
  ─────────
      8 5 7   ← 8+7
      1
  ─────────
      9 5 7
```

(3)
```
      4   8
  ×   1   1
  ─────────
      4 2 8   ← 4+8
      1
  ─────────
      5 2 8
```

(4)
53×11 = 5□3 = 583
          ↑
         5+3

左右に広げて
真ん中は
両端の和だね！

この(2桁×11)の方法をここでやめると、もったいない。(3桁×11)、(4桁×11)も同じ方法で簡単にできる。原理は先ほどと同じなので、計算方法だけ紹介しておこう。覚えておくと、絶対に便利に使えるはずだ。

❖ 3桁×11の速算法

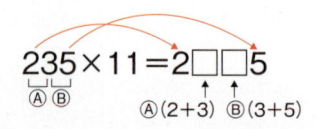

$$235 \times 11 = 2\square\square5$$
ⒶⒷ　　　　Ⓐ(2+3) Ⓑ(3+5)

235×11の場合で考えると、3桁の数235の2と5を答えの千の位、一の位に配置する。次に235の百の位の2と十の位の3を足した5を答えの百の位に置き、また235の十の位3と一の位5を足した8を答えの十の位に書き込む……こうやって文字で説明すると複雑だが、図の速算方法を見ると誰にでもわかるだろう。

(答) 235×11 = 2585

練習として3桁×11をもう1問だけやっておこう。

速算方法は同じだから、速算すると、325×11 = 3575となり、暗算でできる。なお、繰り上がりがあればそれも考慮に入れる。

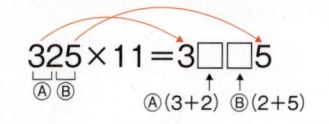

$$325 \times 11 = 3\square\square5$$
ⒶⒷ　　　　Ⓐ(3+2) Ⓑ(2+5)

第3章 パターンを使う速算の技術

❖4桁×11の速算法

この速算は4桁×11、5桁×11などにも使える。4桁のケースでは次のようになる。

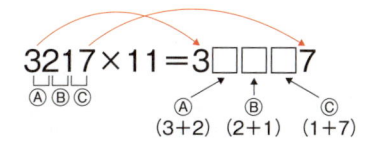

$$3217 \times 11 = 3\square\square\square7$$

Ⓐ(3+2)　Ⓑ(2+1)　Ⓒ(1+7)

これも文字だけで説明すると複雑になるので、図の速算法を見てもらったほうがいい。3217（11を掛けられる数）の両端にある千の位、一の位をそれぞれ答えの万の位、一の位に移動させる。後は図のように足し算をしていけばいい。

（答）$3217 \times 11 = 35387$

次の4桁×11の例は、繰り上がりのあるケースだ。これも同様にして速算するが、$3+9=12$、$9+6=15$のところで繰り上がるので、答えは次のようになる。

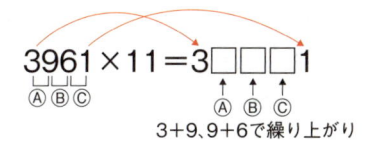

$$3961 \times 11 = 3\square\square\square1$$

3+9、9+6で繰り上がり

万の位→3、千の位→$(3+9)=12$、
百の位→$(9+6)=15$、十の位→$(6+1)=7$、一の位→1
（答）$3961 \times 11 = 43571$

3-2 十の位の和が10、一の位が同じ数の掛け算

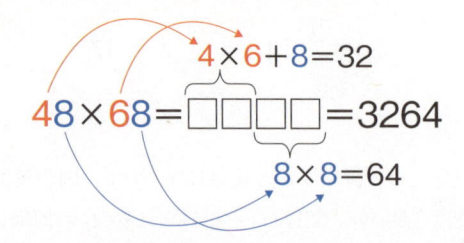

例題

$$48 \times 68 = \boxed{} = 3264$$

$4 \times 6 + 8 = 32$

$8 \times 8 = 64$

　誰だって、2桁同士の掛け算よりも1桁同士の掛け算のほうがラクである。上の例題でいうと、2桁の積48×68よりも4×6+8＝32と8×8＝64の計算のほうが簡単である。

> 48×68より
> 4×6のほうが
> ラク……よね？

　もちろん、どんなケースでも上のような計算ができるわけではなく、十の位の和が10、一の位が同じ数の2桁の掛け算であれば可能だ。つまり、答えの百の位は補数同士の積に一の位を足したものであり、答えの下2桁は一の位の2乗となる。

第3章 パターンを使う速算の技術

練習

(1) 32×72 =$(3\times7+2)\times100+2^2$=2304

(2) 47×67 =$(4\times6+7)\times100+7^2$=3149

(3) 44×64 =$(4\times6+4)\times100+4^2$=2816

(4) 83×23 =$(8\times2+3)\times100+3^2$=1909

(5) 59×59 =$(5\times5+9)\times100+9^2$=3481

❖ なぜそうなるの？

2つの数は $10a+c$、$10b+c$ と表せる。ただし $a+b=10$

$$(\underset{\text{和が10}}{10a+c})(\underset{\text{同じ数}}{10b+c})$$

$$=100ab+10c\underbrace{(a+b)}_{10}+c^2$$

$$=100ab+100c+c^2$$

$$=100(ab+c)+c^2$$

3-3 (□5)² の形の計算

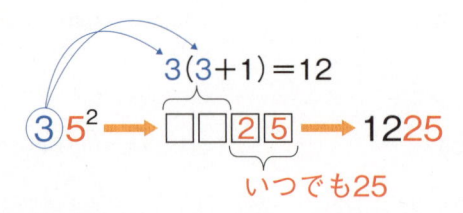

> **例題**
>
> $$3(3+1)=12$$
>
> $3\,5^2 \longrightarrow \boxed{\Box\Box\,2\,5} \longrightarrow 12\,25$
>
> (下2桁は)いつでも25

❖ なぜそうなるの？

$$(10a+5)^2$$

$$=100a^2+2\times 5\times 10a+25$$

$$=100a^2+100a+25$$

$$=100a(a+1)+25$$

　九九を知っていれば、すぐに $7^2=49$、$9^2=81$ と出てくるが、これが2桁の平方(2乗)となると、とたんに難しくなる。けれども、もし、一の位が5の平方であれば、暗算で速算する方法がある。なぜ速算できるかというと、下2桁は必ず25となり、百の位より上は、

(一の位より上の位の数)×(一の位より上の位の数+1)

となるからである。3桁の平方もキリのよい数になれば簡単だ。

練習

(1) 15^2 　　　$\overbrace{1(1+1)=2}$
$=\boxed{}\boxed{2}\boxed{5}=225$

(2) 75^2 　　　$\overbrace{7(7+1)=56}$
$=\boxed{}\boxed{}\boxed{2}\boxed{5}=5625$

(3) 45^2 　　　$\overbrace{4(4+1)=20}$
$=\boxed{}\boxed{}\boxed{2}\boxed{5}=2025$

(4) 95^2 　　　$\overbrace{9(9+1)=90}$
$=\boxed{}\boxed{}\boxed{2}\boxed{5}=9025$

(5) 115^2 　　　$\overbrace{11(11+1)=132}$
$=\boxed{}\boxed{}\boxed{}\boxed{2}\boxed{5}=13225$

(6) 405^2 　　　$\overbrace{40(40+1)=1640}$
$=\boxed{}\boxed{}\boxed{}\boxed{}\boxed{2}\boxed{5}=164025$

(7) 495^2 　　　$\overbrace{49(49+1)=2450}$
$=\boxed{}\boxed{}\boxed{}\boxed{}\boxed{2}\boxed{5}=245025$

(8) 995^2 　　　$\overbrace{99(99+1)=9900}$
$=\boxed{}\boxed{}\boxed{}\boxed{}\boxed{2}\boxed{5}=990025$

3-4 十の位が同じ数、一の位の和が10の掛け算

例題

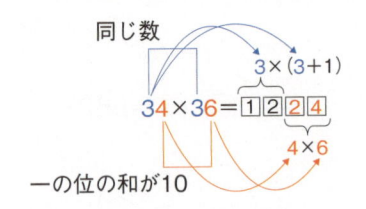

```
        同じ数
              3×(3+1)
     34×36＝ 1 2 2 4
                  4×6
   一の位の和が10
```

ここで紹介するのは、2桁同士の掛け算の中で、「十の位が同じ、一の位の和が10」の場合である。形としては3-3を一般化したものである。このとき、答えの百の位は（十の位の数）×（十の位の数＋1）となり、答えの下2桁は一の位同士の掛け算となる。

なお、この計算方法は次ページ練習の(3)のように、一の位の和が10であれば、「十の位が同じ数」というだけでなく、「十の位以上が同じ数」であれば使える。ただし、この場合、連続2整数の掛け算が簡単にできないとチョットつらい。

$a×(a+1)$ の計算が大事だね！

練習

(1) $43 \times 47 = \boxed{\boxed{2}\boxed{1}} = 2021$

　　$4 \times (4+1) = 20$
　　3×7

(2) $72 \times 78 = \boxed{\boxed{1}\boxed{6}} = 5616$

　　$7 \times (7+1) = 56$
　　2×8

(3) $303 \times 307 = \boxed{\boxed{2}\boxed{1}} = 93021$

　　$30 \times (30+1) = 930$
　　3×7

❖ なぜそうなるの？

2つの数は$10a+c$、$10b+c$と表せる。ただし$a+b=10$

　　　　　同じ数　　和が10
$$(10a+b)(10a+c)$$

$$=100a^2+10a\underline{(b+c)}+bc$$
$$=100a(a+1)+bc$$

　　　　　　　　　　10

3-5 一の位の和が10、他の位が同じ数の掛け算

例題

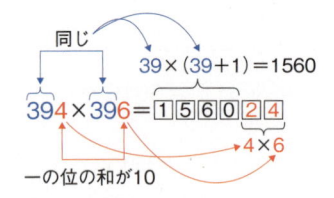

$$39 \times (39+1) = 1560$$

39**4** × 39**6** = **1560**│**24**

4 × 6

一の位の和が10

「一の位の和が10、他の位は同じ」という2つの数の掛け算を速算する方法であり、前節 **3-4** をさらに一般化したものである。まず、答えの下2桁は一の位同士の掛け算となる。また、下2桁を除く位は、一の位を除いた部分の数とそれに1を加えた数、つまり、連続2つの数の掛け算になる。従って、この計算は、連続2整数の掛け算が簡単に求められるときに威力を発揮する。よって **3-4** のように「必ず速算できる」とはいい切れない。

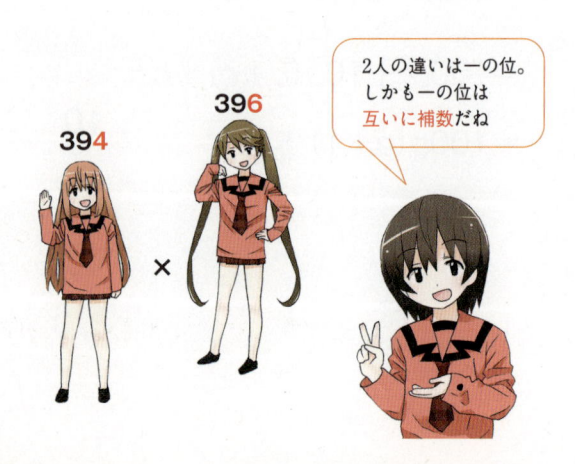

> 2人の違いは一の位。しかも一の位は互いに補数だね

39**4** × 39**6**

練習

(1) 405^2
$40 \times (40+1) = 1640$
$= \square\square\square\square\boxed{2}\boxed{5} = 164025$
5×5

(2) 902×908
$90 \times (90+1) = 8190$
$= \square\square\square\square\boxed{1}\boxed{6} = 819016$
2×8

(3) 114×116
$11 \times (11+1) = 132$
$= \square\square\square\boxed{2}\boxed{4} = 13224$
4×6

(4) 143×147
$14 \times (14+1) = 210$
$= \square\square\square\boxed{2}\boxed{1} = 21021$
3×7

(5) 593×597
$59 \times (59+1) = 3540$
$= \square\square\square\square\boxed{2}\boxed{1} = 354021$
3×7

3-6 下2桁の和が100、他の位が同じ数の掛け算

例題

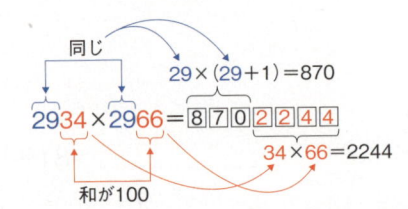

$$29 \times (29+1) = 870$$

29**34** × 29**66** = ⟨870⟩⟨2244⟩

同じ / 和が100 / $34 \times 66 = 2244$

3-5では、「一の位の和が10、他の位は同じ数の掛け算」を扱った。ここではワンランク上がって、「下2桁の和が100、他の位は同じ」場合を調べてみる。このときも、**3-5**同様、答えの下4桁は、一方の下2桁と他方の下2桁との掛け算で、下2桁を除く桁は「(同じ部分の数)×(同じ部分の数+1)」となる。

> 2人の違いは下2桁のみ。しかも下2桁は互いに補数（足して100）だね

29**34**　29**66**

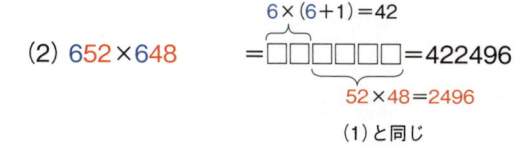

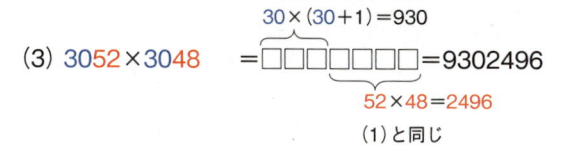

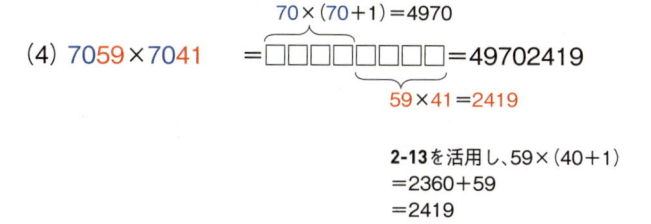

練習

(1) 1**52**×1**48** $\underbrace{1×(1+1)=2}_{}$
= □□□□□ = 22496
    $\underbrace{52×48=2496}_{}$
    ‖
    $(50+2)(50-2)=50^2-2^2=2500-4$
（注）次の **3-7** を利用。

(2) 6**52**×6**48** $\underbrace{6×(6+1)=42}_{}$
= □□□□□□ = 422496
    $\underbrace{52×48=2496}_{}$
    （1）と同じ

(3) 30**52**×30**48** $\underbrace{30×(30+1)=930}_{}$
= □□□□□□□ = 9302496
    $\underbrace{52×48=2496}_{}$
    （1）と同じ

(4) 70**59**×70**41** $\underbrace{70×(70+1)=4970}_{}$
= □□□□□□□□ = 49702419
    $\underbrace{59×41=2419}_{}$

2-13 を活用し、$59×(40+1)$
$=2360+59$
$=2419$

（注）桁数が多くなると積が簡単に求められないのでチョットつらい。

3-7 真ん中の値に着目した計算の技術

例題

$$㊶ × ㊴ = (40+1)(40-1) = 40^2 - 1^2$$

真ん中の「40」が ターゲット

$(m+n)(m-n) = m^2 - n^2$ を利用する

→ (1600-1)だ！

中学校で次のような公式を習った覚えがあるだろう。

$$(m+n)(m-n) = m^2 - n^2$$

これは「真ん中の値」に着目したもの。例題の場合、まず、41と39の真ん中の値40に着目。次に、40と2つの数41、39との差±1を利用すると、41×39は$(40+1)(40-1)$と変形でき、公式を使うと$1600-1$なので暗算できる。

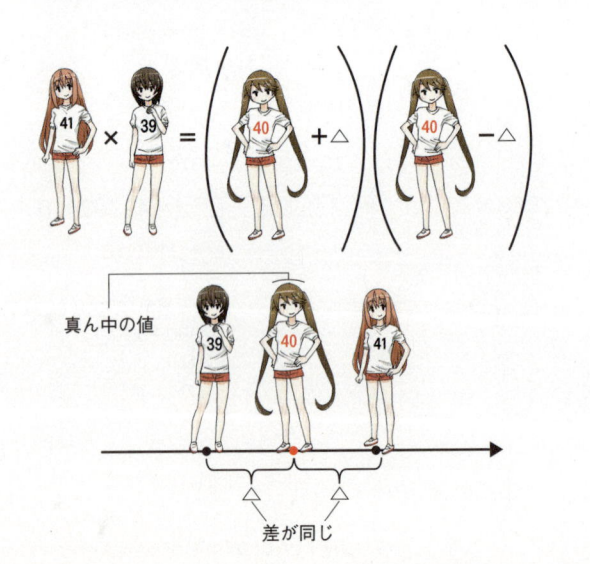

真ん中の値

差が同じ

練習

(1) 11×9 $=(10+1)(10-1)=10^2-1^2=100-1=99$

(注) 前ページの手法を使うまでもないが、「練習」である。

(2) 14×16 $=(15-1)(15+1)=15^2-1^2=225-1=224$

(3) 51×49 $=(50+1)(50-1)=50^2-1^2=2500-1=2499$

(4) 99×101 $=(100-1)(100+1)=100^2-1^2=10000-1=9999$

(5) 403×397 $=(400+3)(400-3)=400^2-3^2=160000-9$
$=159991$

(6) 310×290 $=(300+10)(300-10)=300^2-10^2=90000-100$
$=89900$

(7) 611×589 $=(600+11)(600-11)=600^2-11^2=360000-121$
$=359879$

参考 $a \times b$を和と差の積に変換する公式

与えられたa、bに対して次の公式を利用すれば、$a \times b$を和と差の掛け算に変形することができる。

$$a \times b = \left(\frac{a+b}{2} + \frac{a-b}{2}\right)\left(\frac{a+b}{2} - \frac{a-b}{2}\right)$$

3-8 キリのよい数字にして「平方数」を出す

例題

$$13^2 = (13-3)(13+3) + 3^2$$

どちらかを「キリのよい数」にしてしまう（ここでは左が10）

ある数の平方、つまり2乗を求めるとき、1桁ならよいが、2桁になると苦しい。たとえば、73^2といわれてもちょっと困る。しかし、下記の公式を使った有効な方法がある。

$$m^2 = (m-n)(m+n) + n^2$$
$$m^2 = (m+n)(m-n) + n^2$$

ここで、mに適当な数nを足したり引いたりして、$m+n$か$m-n$のどちらか一方をキリのよい数である10や100などにしてしまう。10や100の掛け算は、掛けられる数がどんな数でも簡単に計算できる。最後にn^2を足しておけば答えが求められる。

$$13^2 = 13 \times 13$$

3を引けばキリのよい10　　　3を引いたから3を足せ

$$(13-3) \times (13+3) + 3^2$$

$(13-3)(13+3) = 13^2 - 3^2$だから$3^2$を足せ

$$= 10 \times 16 + 3^2 = 160 + 3^2 = 169$$

第3章 パターンを使う速算の技術

練習

(1) 11^2 $=(11-1)(11+1)+1^2=10×12+1=120+1=121$

(2) 12^2 $=(12-2)(12+2)+2^2=10×14+4=140+4=144$

(3) 13^2 $=(13-3)(13+3)+3^2=10×16+9=160+9=169$

(4) 14^2 $=(14-4)(14+4)+4^2=10×18+16=180+16=196$

(5) 15^2 $=(15-5)(15+5)+5^2=10×20+25=200+25=225$

(6) 16^2 $=(16+4)(16-4)+4^2=10×24+16=240+16=256$

(7) 17^2 $=(17-7)(17+7)+7^2=10×24+49=240+49=289$

(8) 18^2 $=(18-8)(18+8)+8^2=10×26+64=260+64=324$

(9) 19^2 $=(19-9)(19+9)+9^2=10×28+81=280+81=361$

(10) 41^2 $=(41-1)(41+1)+1^2=40×42+1=1680+1=1681$

(11) 99^2 $=(99+1)(99-1)+1^2=100×98+1=9800+1=9801$

(12) 67^2 $=(67+3)(67-3)+3^2=70×64+9=4480+9=4489$

(13) 301^2 $=(301-1)(301+1)+1^2=300×302+1=90600+1$
$=90601$

3-9 100に近い数同士の掛け算のパターン

例題

① $98 \times 97 = 95\ 06$

補数 2, 補数 3
$100 - (2+3)$ 補数の和
2×3 補数の積

② $102 \times 103 = 105\ 06$

補数 -2, 補数 -3
$100 - (-2-3)$ 補数の和
$(-2) \times (-3)$ 補数の積

③ $102 \times 97 = 99\ \overline{06} = 9900\ (-6) = 9894$

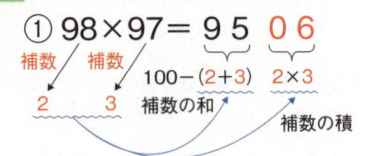

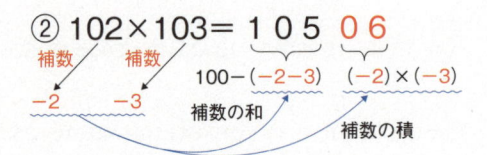

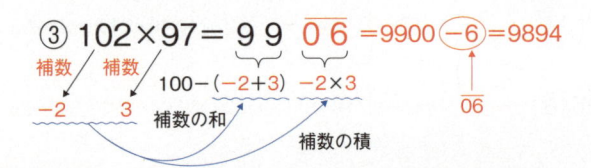

補数 -2, 補数 3
$100 - (-2+3)$ 補数の和
-2×3 補数の積

100に近い数同士の掛け算には、うまい方法がある。100に近い数同士なので、その補数はたいてい1桁の数値だが、補数の和と積から掛け算の値が求められる。

Ⓐ 値の下2桁……補数の積
Ⓑ 上位の桁……100－(補数の和)

①は補数がともに正、②は補数がともに負、③は補数の一方が正、他方が負の場合である。いずれの場合でも計算の仕方はⒶ、

⑧で統一されている。ただ、③の場合は補数の積が負になるので、そのことをバーを（$\overline{06}$のように）付けて表現し、その後、引く処理をすることになる。

なお、基準数が1000、10000、……の場合も同様に処理できるが、そのときは（基準数の桁数－1）桁部分が補数の積である。

練習

(1) $95 \times 98 = \underline{9310}$

　　　　　　100－(5+2)　　5×2

補数が5と2の場合である。

(2) $101 \times 102 = \underline{10302}$

　　　　　　100－(－1－2)　　(－1)×(－2)

補数が－1と－2の場合である。

(3) $95 \times 101 = \underline{96\overline{05}} = 9595$

　　　　　　100－(5－1)　　5×(－1)

補数が5と－1の場合である。
$\overline{05}$は－05＝－5の意味である。
つまり、$96\overline{05} = 9600 - 5 = 9595$

(4) $995 \times 998 = \underline{993010}$

　　　　　　1000－(5+2)　　5×2

基準数が1000の4桁だから、これから1引いた下3桁が補数5と2の積、つまり、10である。

(5) $10002 \times 10003 = \underline{100050006}$

　　　　　　10000－(－2－3)　　(－2)×(－3)

基準数が10000の5桁だから、これから1引いた下4桁が補数－2と－3の積、つまり、6である。

3-10 「6桁の立方根」も暗算で？

例題

$$\sqrt[3]{110|592} = 48$$

592から$8^3=512$

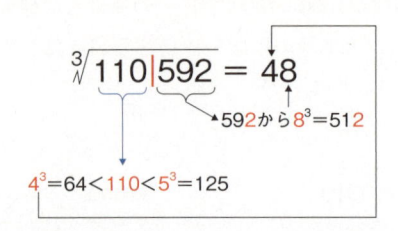

$4^3=64<110<5^3=125$

　ある数aの立方根（3乗根）とは、3乗（3回掛ける）したらaになる数のことであり、$\sqrt[3]{a}$と表現される。立方根を手計算で求める有名な方法に開立（かいりつ）があるが、簡単ではない。しかし、整数aに対して、もし、その立方根が「整数」とわかっていれば話は別である。その場合の方法について調べてみよう。試験などではこのような条件のもとで立方根を求めさせることが多いのである。

　例題で110592の立方根は整数であることがわかっているものとする。このとき110592の立方根、つまり、$\sqrt[3]{110592}$を求めるには次のようにする。求める数の十の位をm、一の位をnとする。

① 110592を下の桁から3桁ごとに区切る。

$$110 | 592$$

② 区切った上位の桁110に着目し、3乗して110を超えない最大の整数mを求めると、$4^3=64$、$5^3=125$より、$m=4$となる。

③ 区切った下位の桁592に着目し、3乗して592の一の位2になる1桁の数nを求めると、$n=8$しかない。

以上のことから $\sqrt[3]{110592} = 48$ となる。なお、②、③で n の値を求めるときに、下記の3乗の値が頭に入っているとラクなので、覚えておくとよい。

> 1の位が0〜9ですべて異なってるね！

$1^3 = 1$ $6^3 = 216$
$2^3 = 8$ $7^3 = 343$
$3^3 = 27$ $8^3 = 512$
$4^3 = 64$ $9^3 = 729$
$5^3 = 125$ $10^3 = 1000$

練習

次の数の立方根は整数である。立方根を求めよ。

(1) 389017

389 | 017

3乗して389を超えない最大の整数 m を求めると、$7^3 = 343$、$8^3 = 512$ より $m = 7$ となる。3乗して017の一の位7になる1桁の数 n を求めると、$n = 3$。よって、$\sqrt[3]{389017} = 73$

(2) 39304

39 | 304

3乗して39を超えない最大の整数 m を求めると、$m = 3$。3乗して304の一の位4になる1桁の数 n を求めると、$n = 4$。よって、$\sqrt[3]{39304} = 34$

第4章

計算をラクにする
工夫の技術

掛け算は大変だが、足し算なら簡単だ。引き算は間違えやすいが、足し算ならラクである。計算の順序を入れ替えたり、符号を変えたり、繰り上がりを気にせず計算するためにひと工夫するだけで、計算は超ラクになる。ここではその手法をお伝えしよう。

4-1 小さな約数に分解して掛け算を簡単にする

例題

約数に分解

$$35 \times \boxed{42} = 35 \times \boxed{2 \times 21} = 70 \times 21$$

キリのよい数

$$= 1470$$

大きな数同士の掛け算は、よほど訓練しないと暗算は難しい。しかし、片方の数が小さければ暗算は可能だ。そこに目を付けたのが「**片方の数を約数に分解して小さな数に変更してから掛ける**」というテクニックである。

例題は、35と42の掛け算であるが、35に42を直接掛けるのは暗算では難しい。しかし、35に42（＝2×3×7）の約数である2を掛けるのはやさしい。35に2を掛けると70となる。その後、残りの約数21を掛ければよい。もし、これが難しければ、まず21の約数である3を掛け、最後に7を掛ければ完成である。

分解して、掛け算しやすい相棒を探せ！

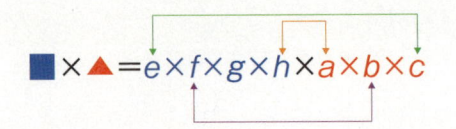

$$\blacksquare \times \blacktriangle = e \times f \times g \times h \times a \times b \times c$$

第4章 計算をラクにする工夫の技術

練習

(1) 32×6　　　$=32\times2\times3=64\times3=192$

(2) 52×25　　　$=4\times13\times25=13\times100=1300$

(3) 12×45　　　$=4\times3\times3\times15=60\times9=540$

(4) 22×95　　　$=2\times11\times5\times19=10\times11\times19$
　　　　　　　　$=10\times209=2090$

(注) 11×19については **3-1** 参照。

(5) 532×4　　　$=532\times2\times2=1064\times2=2128$

(6) 75×36　　　$=3\times25\times4\times9=3\times9\times100=2700$

(7) 62×35　　　$=2\times31\times5\times7=31\times7\times10=2170$

> いろいろな掛け算の
> テクニックを
> 総動員してね！

4-2 小数の掛け算を分数の掛け算にする

例題

$$84 \times 0.75 = 84 \times \frac{3}{4} = 84 \div 4 \times 3$$
$$= 21 \times 3 = 63$$

　小数の掛け算は面倒なことが多い。そんなときは、小数を分数に直してから掛けてみると簡単に計算できることがある。特に、上記の0.75のように0.05を何倍かした小数の場合は、この方法がお勧めだ。$0.75 = \frac{3}{4}$なので、0.75を掛けるときは、4で割ってから3を掛けてもいいし、3を掛けてから4で割ってもよい。

　このようなテクニックを使うために、以下の小数と分数の関係を頭に入れておこう。

$0.05 = \frac{1}{20}$　　　　　　　　　$0.55 = \frac{11}{20}$

$0.15 = \frac{3}{20}$　　　　　　　　　$0.65 = \frac{13}{20}$

$0.25 = \frac{5}{20} = \frac{1}{4}$　　　　　　　$0.75 = \frac{15}{20} = \frac{3}{4}$

$0.35 = \frac{7}{20}$　　　　　　　　　$0.85 = \frac{17}{20}$

$0.45 = \frac{9}{20}$　　　　　　　　　$0.95 = \frac{19}{20}$

　これらの関係は、次のように覚えるとよい。

「分母は20。分子はその小数に20を掛けた値」

（例1）$0.45 = \dfrac{x}{20}$ を満たす x は 0.45×20 より 9

（例2）$0.95 = \dfrac{x}{20}$ を満たす x は 0.95×20 より 19

> 20で割るから20を掛けろ……ということなのね

練習

（1） $380 \times 0.95 \qquad = 380 \times \dfrac{19}{20} = 19 \times 19 = 361$

（2） $14 \times 0.15 \qquad = 14 \times \dfrac{3}{20} = 0.7 \times 3 = 2.1$

（3） $120 \times 0.35 \qquad = 120 \times \dfrac{7}{20} = 6 \times 7 = 42$

（4） $36 \times 0.25 \qquad = 36 \times \dfrac{1}{4} = 9$

（5） $36 \times 0.45 \qquad = 36 \times \dfrac{9}{20} = 1.8 \times 9 = 16.2$

（6） $135 \times 0.4 \qquad = 135 \times \dfrac{2}{5} = 27 \times 2 = 54$

4-3 5で割ることは2を掛けて10で割ること

例題

$$130 \boxed{\div 5} = 130 \boxed{\times 2 \div 10} = 26$$

$$325 \boxed{\div 25} = 325 \boxed{\times 4 \div 100} = 13$$

$$1125 \boxed{\div 125} = 1125 \boxed{\times 8 \div 1000} = 9$$

4-2では「掛け算→割り算」に直したが、それは特殊なケース。ふつうは割り算より掛け算のほうがラクである。幸い、5、25、125で割る計算については簡単な掛け算に置き換えることができる。なぜならば、5 $\left(=\dfrac{10}{2}\right)$ で割るということは、逆数の $\dfrac{2}{10}$ を掛けること、つまり、2を掛けて10で割ることだからである。同様にして、25で割ることは4を掛けて100で割ることであり、125で割ることは8を掛けて1000で割ることだ。10、100、1000で割る計算が加わるが、これは位を動かすだけだから簡単だろう。

なお、2を掛けて10で割ることは、先に10で割ってから2を掛けるのと同じなので、場合によってはこの方法を使ってもいいだろう。

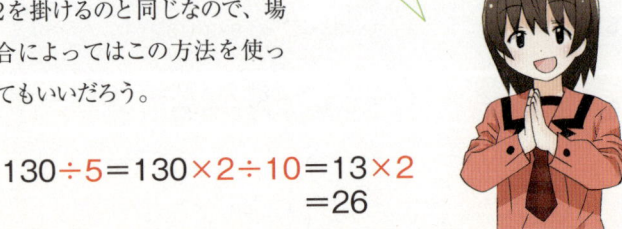

> 速算は臨機応変ね

$$130 \div 5 = 130 \times 2 \div 10 = 13 \times 2$$
$$= 26$$

第4章 計算をラクにする工夫の技術

練習

(1) $17 \div 5$ $= 17 \times 2 \div 10 = 34 \div 10 = 3.4$

(2) $76 \div 5$ $= 76 \times 2 \div 10 = 152 \div 10 = 15.2$

(3) $843 \div 5$ $= 843 \times 2 \div 10 = 1686 \div 10 = 168.6$

(4) $4113 \div 5$ $= 4113 \times 2 \div 10 = 8226 \div 10 = 822.6$

(5) $175 \div 25$ $= 175 \times 4 \div 100 = 700 \div 100 = 7$

(6) $432 \div 25$ $= 432 \times 4 \div 100 = 1728 \div 100 = 17.28$

(7) $1113 \div 25$ $= 1113 \times 4 \div 100 = 4452 \div 100 = 44.52$

(8) $6000 \div 25$ $= 6000 \times 4 \div 100 = 24000 \div 100 = 240$

(9) $22500 \div 25$ $= 225 \times 100 \times 4 \div 100 = 900$

(10) $31 \div 125$ $= 31 \times 8 \div 1000 = 248 \div 1000 = 0.248$

(11) $112 \div 125$ $= 112 \times 8 \div 1000 = 896 \div 1000 = 0.896$

(12) $111000 \div 125$ $= 111 \times 1000 \times 8 \div 1000 = 888$

4-4　4で割るときは2で2回割る

例題

$1300 \div 4 = 1300 \div 2 \div 2 = 650 \div 2$

$992 \div 8 = 992 \div 2 \div 2 \div 2 = 496 \div 2 \div 2 = 248 \div 2$

4で割ることは「2で割って、さらに2で割る」ことだ。一般に4で割るよりも2で割るほうが計算はラクである。従って、4で割るときには2で2回割ってみよう。

同様にして、8で割ることは「2で割り、2で割り、また2で割る」ことだ。つまり、2で3回割れば8で割ったことになる。8での割り算がつらいと思ったら、小刻みに2で3回割ってみればいいだろう。

第4章 計算をラクにする工夫の技術

練習

(1) 18 ÷ 4　　　　　　=18÷2÷2=9÷2=4.5

(2) 224 ÷ 4　　　　　=224÷2÷2=112÷2=56

(3) 274 ÷ 4　　　　　=274÷2÷2=137÷2=68.5

(4) 1060 ÷ 4　　　　=1060÷2÷2=530÷2=265

(5) 1300 ÷ 4　　　　=1300÷2÷2=650÷2=325

(6) 192 ÷ 8　　　　　=192÷2÷2÷2=96÷2÷2=48÷2=24

(7) 360 ÷ 8　　　　　=360÷2÷2÷2=180÷2÷2
　　　　　　　　　　=90÷2=45

(8) 992 ÷ 8　　　　　=992÷2÷2÷2=496÷2÷2=248÷2
　　　　　　　　　　=124

(9) 1400 ÷ 8　　　　=1400÷2÷2÷2=700÷2÷2
　　　　　　　　　　=350÷2=175

(10) 5472 ÷ 16　　　=5472÷2÷2÷2÷2=2736÷2÷2÷2
　　　　　　　　　　=1368÷2÷2=684÷2=342

4-5　1回で大変なら2度、3度割る

例題

$$480 \div 32 = (480 \div 8) \div 4 = 60 \div 4 = 15$$

（8×4／1度割／2度割）

　割り算では、割る数が大きくなると計算は大変になる。そこで、「割る数」のほうを分割して小さくしていく。次の式は割り算を何回かに分けてもいいことを示している。

$$16 = 2 \times 8 \quad \text{だから}$$
$$240 \div 16 = 240 \div (8 \times 2)$$
$$= (240 \div 8) \div 2 = 30 \div 2 = 15$$

　ただし、分割した分、割り算が増えるのは我慢しよう。

　このように割り算を何回かに分けるとき、注意しなければいけないことがある。それは、次のように途中の割り算を先にしてはいけないということである。あくまでも、左から右に計算していかなければならない。次の計算は誤った例である。

$$6 \div 2 \div 3 = 6 \div (2 \div 3) = 6 \div \frac{2}{3} = 6 \times \frac{3}{2} = 9$$

（本当の答えは1）

練習

(1) 168 ÷ 14

=168÷(2×7)
=(168÷2)÷7=84÷7=12

(2) 270 ÷ 45

=270÷(9×5)
=(270÷9)÷5=30÷5=6

(3) 575 ÷ 115

=575÷(5×23)
=(575÷5)÷23=115÷23=5

(4) 726 ÷ 66

=726÷(6×11)
=(726÷6)÷11=121÷11=11

(5) 1080 ÷ 72

=1080÷(2×6×6)
=(1080÷2)÷6÷6=540÷6÷6
=90÷6=15

> 1度では大変なら、分割して2度割、3度割するといいみたい！

4-6 計算がラクになる順序に入れ替える

例題

$$45 \underbrace{\times 32}_{入れ替え} \underbrace{\div 9}_{} = \underbrace{45 \div 9 \times 32}_{ラクになった！} = 5 \times 32 = 160$$

計算というのは通常、「掛け算・割り算」が「足し算・引き算」より優先され、その後は左から右へ処理していく。もちろん、（　）があれば（　）内の計算が優先される。これらの規則に反しない限り、計算の順序は適当に入れ替えることができる。

$$a \boxed{\times b \div c} = \frac{a \times b}{c}$$

順序を入れ替えた

$$= \frac{a}{c} \times b = a \boxed{\div c \times b}$$

なお、例題では「×32」と「÷9」を入れ替えたが、「32」と「9」のみを交換すると $45 \times 32 \div 9 \neq 45 \times 9 \div 32$ なので注意しよう。「×32」と「÷9」を、記号といっしょに動かすのがポイントである。

練習

(1) $45 \times 32 \div 90$ $=45 \div 90 \times 32 = \frac{1}{2} \times 32 = 16$

(2) $490 \times 12 \div 98$ $=490 \div 98 \times 12 = 5 \times 12 = 60$
490を12倍して98で割るのを暗算で……というのは至難の業。けれども、順序を入れ替えると簡単だ

(3) $35 \times 68 \div 5$ $=35 \div 5 \times 68 = 7 \times 68 = 476$

(4) $18 \times 44 \div 3$ $=18 \div 3 \times 44 = 6 \times 44 = 264$

(5) $225 \times 8 \div 15$ $=225 \div 15 \times 8 = 15 \times 8 = 120$

(6) $169 \times 12 \div 13$ $=169 \div 13 \times 12 = 13 \times 12$
$= (12+1) \times 12 = 12 \times 12 + 12$
$= 144 + 12 = 156$

(7) $25 \div 125 \times 40$ $=25 \times 40 \div 125 = 1000 \div 125 = 8$

(8) $5 \div 100 \times 88$ $=5 \times 88 \div 100 = 440 \div 100 = 4.4$

次のことに気を付けてね。
$a+b=b+a$
$a-b \neq b-a$
$a \times b = b \times a$
$a \div b \neq b \div a$

4-7 3桁の数を9で割る計算を速算する

例題

$$132 \div 9 \rightarrow 14 \text{ 余り } 1+3+2 \text{ より } 6$$

- 132の各位の和
- 132の百の位と十の位の和
- 132の百の位

3桁の数を9で割るときは、次のようにすると暗算で速算できる。
① 商の十の位は、割られる数の百の位。
② 商の一の位は、割られる数の百の位の数と十の位の数を加えた値。ただし、これが2桁になると商の十の位に繰り上がる。
③ 割られる数の各位の数を加えたものが余り。ただし、この値が9以上になると、さらに9で割り、その商は②に繰り上がり、その余りが実際の余りとなる。

> 実際の計算では繰り上がりがあるので、逆に③、②、①の順のほうがよいことが多いのね

第4章 計算をラクにする工夫の技術

練習

(1) $123 \div 9 \rightarrow 13$ 余り $1+2+3=6$

- ①百の位の1
- ②1+2=3

よって、商は13、余りは6

---

(2) $218 \div 9 \rightarrow 24$ 余り $2+8+1$より2

③2+8+1=11を9で割って商は1、余りは2

- ①百の位の2
- ②2+1=3に③の商1を足して4

よって、商は24、余りは2

---

(3) $619 \div 9 \rightarrow 68$ 余り $6+1+9$より7

③6+1+9=16を9で割って商は1、余りは7

- ①百の位の6
- ②6+1=7に③の商1を足して8

よって、商は68、余りは7

---

(4) $789 \div 9 \rightarrow 87$ 余り $7+8+9$より6

③7+8+9=24を9で割って商は2、余りは6

- ①百の位の7に②の十の位の繰り上がり1を足して8
- ②7+8=15に③の商2を足して17

よって、商は87、余りは6

❖ 4桁の数を9で割る場合

3桁以外の数のときでも、この「余り」の暗算ができる。やり方はまったく同じだが、8795÷9のようなケースだと、繰り上がりが多くなるため、「余り①'→一の位②'→十の位③'→百の位④'」のように、逆順で処理したほうがラクになる。

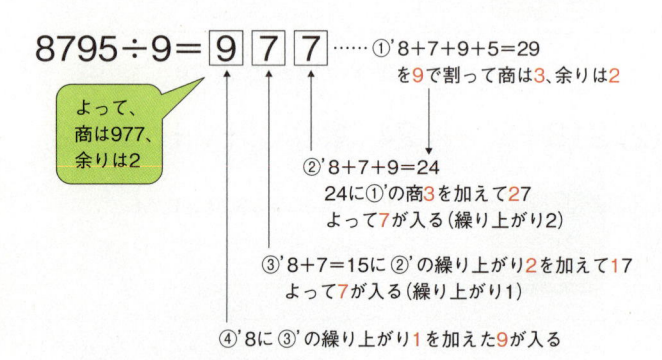

$$8795 \div 9 = \boxed{9}\boxed{7}\boxed{7} \cdots\cdots$$

①' 8+7+9+5=29
を9で割って商は3、余りは2

よって、商は977、余りは2

②' 8+7+9=24
24に①'の商3を加えて27
よって7が入る(繰り上がり2)

③' 8+7=15に②'の繰り上がり2を加えて17
よって7が入る(繰り上がり1)

④' 8に③'の繰り上がり1を加えた9が入る

❖ 5桁の数を9で割る場合

5桁以上の数でも手法は同じ。ただ、桁数が大きくなればなるほど、繰り上がりの可能性が高くなるので、こちらも「余り」から逆順で処理(①'→②'→③'→④'→⑤')したほうがいい。

$$38591 \div 9 = \boxed{4}\boxed{2}\boxed{8}\boxed{7}$$

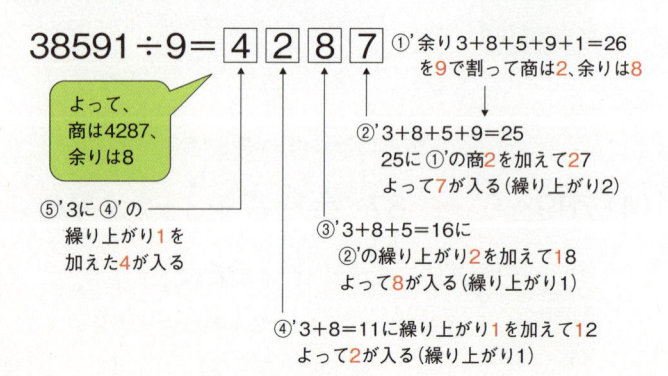

①' 余り 3+8+5+9+1=26
を9で割って商は2、余りは8

よって、商は4287、余りは8

②' 3+8+5+9=25
25に①'の商2を加えて27
よって7が入る(繰り上がり2)

③' 3+8+5=16に
②'の繰り上がり2を加えて18
よって8が入る(繰り上がり1)

⑤' 3に④'の繰り上がり1を加えた4が入る

④' 3+8=11に繰り上がり1を加えて12
よって2が入る(繰り上がり1)

第4章 計算をラクにする工夫の技術

4-8 よく使われる2桁の平方数は覚える

例題

$11^2 \to 121$ $16^2 \to 256$ ……2^8

$12^2 \to 144$ $17^2 \to 289$

$13^2 \to 169$ $18^2 \to 324$

$14^2 \to 196$ $19^2 \to 361$

$15^2 \to 225$

上記の平方数は、覚えておくと速算への応用が可能となる。応用例を挙げると次のようなものがある。

(1) $15 \times 16 = 15 \times (15+1) = 15^2 + 15 = 225 + 15 = 240$
　　　　　　　　　　……連続2整数の掛け算に応用できる。

(2) $14 \times 16 = (15-1)(15+1) = 15^2 - 1 = 225 - 1 = 224$
　　　　　　……「**3-7** 真ん中の値に着目した計算の技術」に応用できる。

(3) $18 \times 16 = (17+1)(17-1) = 17^2 - 1 = 289 - 1 = 288$
　　　　　　……「**3-7** 真ん中の値に着目した計算の技術」に応用できる。

速算は総合力ってことなんだ!

4-9 補数を使って「引き算を足し算」にする

例題

$$532 - 87 = 532 + 13 - 100$$

↑ 87の補数　↑ 基準数

　普通は引き算より足し算のほうが楽である。ということは、引き算を足し算に直せたら速算につながる。実際にこのことは、補数を使えば可能になる。たとえば、上記の例のように、87を引くには、100に対する補数13を足せばよい。そのあと、補数の基準数100を引くことになるが、基準数だから簡単である。

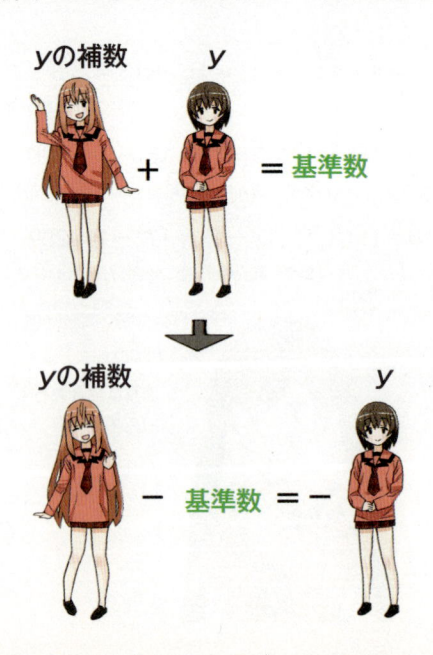

yの補数　　　y

＋　　＝ 基準数

yの補数　　　　　　　　y

－　基準数　＝ －

第4章 計算をラクにする工夫の技術

なお、引く数の補数は下記のように、暗算で簡単に求められる。

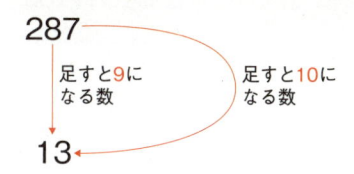

```
    287
       ╲
  足すと9に    足すと10に
  なる数       なる数
       ↓
    13 ←
```

練習

(1) 926 − 97   =926+3−100=929−100=829

(2) 984 − 665   =984+35−700=1019−700=319

(3) 123 − 62   =123+38−100=161−100=61

(4) 532 − 83   =532+17−100=549−100=449

(5) 438 − 296   =438+4−300=442−300=142

(6) 10000 − 96   =10000+4−100=9900+4=9904
　　　　　　　　　（注）10004−100でもいいが、
　　　　　　　　　　　　上のほうが間違えにくい。

(7) 1100 − 762   =1100+238−1000=1338−1000=338

(8) 13687 − 4265 =13687+5735−10000
　　　　　　　　　=13687+6000−265−10000
　　　　　　　　　=19687−265−10000
　　　　　　　　　=19422−10000=9422

4-10 逆に引いて「高速引き算」をする

例題

```
    835
 -) 672
   ─────
    2⑥3
    ↓↓↓
    163
```

● ステップ1
上から下を引く。ただし、引く数のほうが大きければ、下−上（＝7−3＝4）の10に対する補数6を書いて○を付ける。その他の場合は上−下

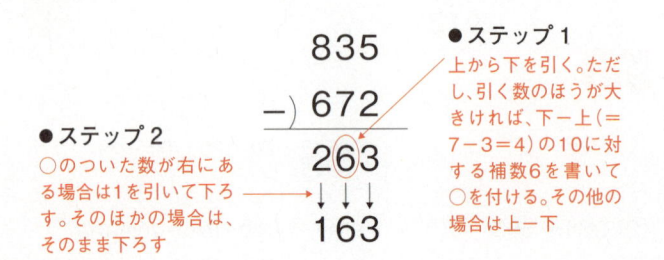

● ステップ2
○のついた数が右にある場合は1を引いて下ろす。そのほかの場合は、そのまま下ろす

　引き算で速算するときの壁は「繰り下がり」があること。正攻法でいくと、まず各々の一の位に着目し、上から下を引く。ただし、下が上より大きければ十の位から1借りてきて引く（つまり、繰り下がりのとき）。

　その後、このような操作を十の位、百の位……と続けて答えを求める。この正攻法は、下が上より大きい場合は借り物があってやっかいだ。そこで考え出されたのが次の方法である。

①各位について上から下を引く（どこの位から計算してもよい）。ただし、下が上より大きい場合は、下から上を引いた数の10に対する補数を書いて○を付ける。

②各位において○が付いた数が右にあるときはその位の数から1を引く。そのほかの場合はそのままの数とする。ただし、○があれば取り去る。

　この①、②より、2つの数の引き算の答えが求められる。

練習

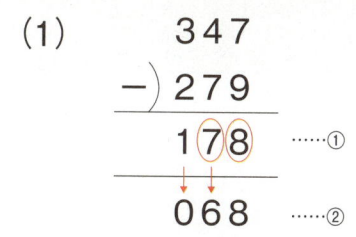

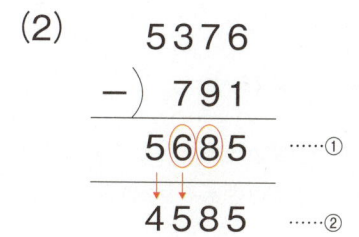

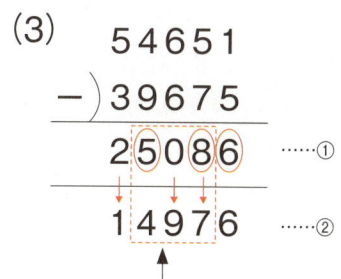

(1)
```
   347
 -)279
   178  ……①
   ↓↓
   068  ……②
```

(2)
```
   5376
 - )791
   5685  ……①
    ↓↓
   4585  ……②
```

(3)
```
   54651
 -)39675
   25086  ……①
   ↓↓↓
   14976  ……②
```

> 0の右側に○の付いた数が
> あるときは、0から1を引けないので、
> 左から10を借りてきて
> 1を引けばいいのね（つまり9）。
> このとき0の左隣から1を引くことを
> 忘れないようにしなくちゃ！

4-11 繰り上がり記号「・」で効率よく足し算する

例題

```
   ・
  37
+)58
────
  95
```

8+7=15で繰り上がるので、7の上に「・」を打ち、その後、繰り上がり部分は忘れる

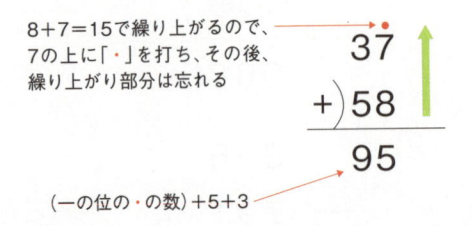

(一の位の・の数)+5+3

単純な足し算にも速算法がある。足し算では各位の数を足していくが、途中で繰り上がりがあると2桁以上の足し算になり、難しくなる。そこで、繰り上がるたびにその箇所に「・(点)」を打ち、繰り上がりの数は忘れてしまう。すると、いつでも1桁の計算になる。繰り上がりの数は後で「・」の数をカウントすればよい。上記の例では、下から上へ(インド式)足していくが、もちろん、上から下へ足してもよい。その際、繰り上がるたびにその箇所に「・」を打つのは同じである。

上記の例の場合、まず、8と7を足す。すると15となり繰り上がるので、7の上に「・」を打つ。その後、繰り上がったことはいったん忘れ、下1桁の足し算を続ける。この場合は、ここで一の位の計算は終わりなので、15の下1桁の5のみ下に書く。

次に、一の位の数字の上に打たれた点の数(ここでは1)を十の位の数に足すことになる。一の位と同様、下から上に足していき、繰り上がりが生じたら、その箇所の数字の上に「・」を打つ。この例では繰り上がりがないので、一の位の点の数1と十の位の5と3を足した値9を十の位に書く。

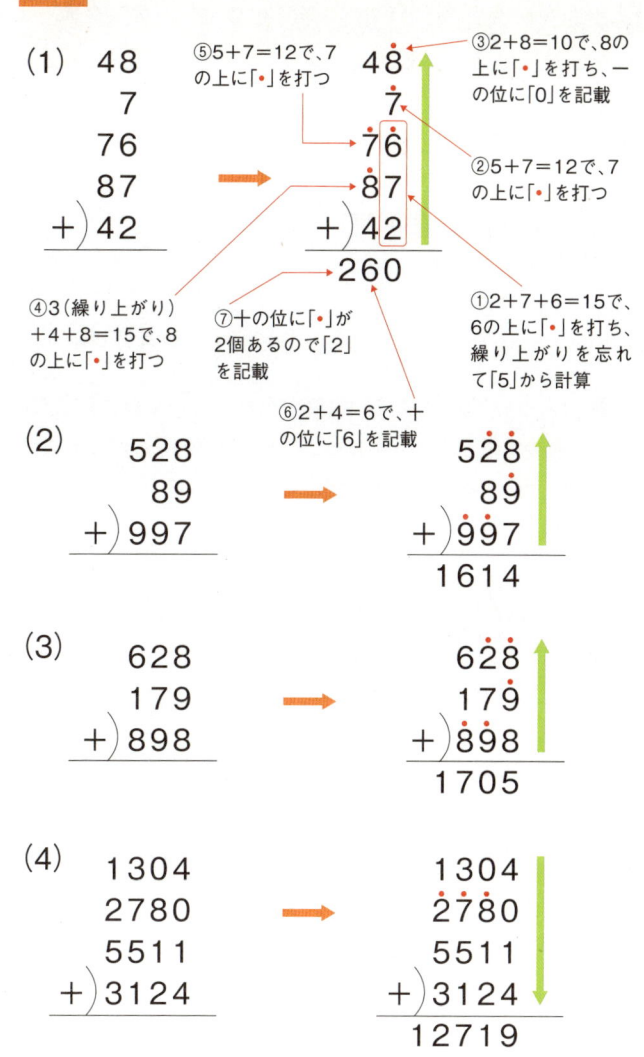

第4章 計算をラクにする工夫の技術

練習

(1)
```
   48
    7
   76
   87
+) 42
```

⑤5+7=12で、7の上に「•」を打つ

③2+8=10で、8の上に「•」を打ち、一の位に「0」を記載

②5+7=12で、7の上に「•」を打つ

```
   4̇8
    7̇
   7̇6
   8̇7
+) 4̇2
   ───
   260
```

④3(繰り上がり)+4+8=15で、8の上に「•」を打つ

⑦十の位に「•」が2個あるので「2」を記載

①2+7+6=15で、6の上に「•」を打ち、繰り上がりを忘れて「5」から計算

⑥2+4=6で、十の位に「6」を記載

(2)
```
   528
    89
+) 997
```
→
```
   5̇2̇8̇
    8̇9̇
+) 9̇9̇7̇
   ────
   1614
```

(3)
```
   628
   179
+) 898
```
→
```
   6̇2̇8̇
   1̇7̇9̇
+) 8̇9̇8̇
   ────
   1705
```

(4)
```
   1304
   2780
   5511
+) 3124
```
→
```
   1304
   2̇780
   5511
+) 3124
   ─────
   12719
```

4-12 大きな数の足し算は2桁で区切る

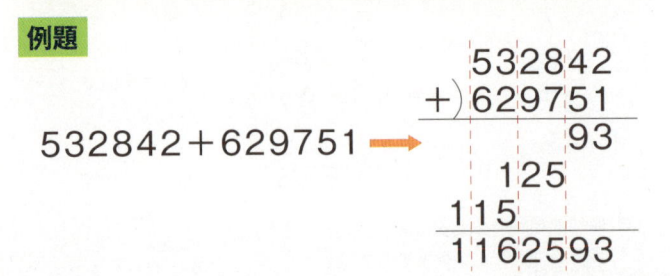

例題

532842+629751 →

```
   532842
+) 629751
       93
      125
    115
  1162593
```

桁数の大きい足し算は、一の位から足していくのが普通だ。ただし、途中で繰り上がりがあると、その処理をしながら上位に向かうので大変である。これに対し、**2桁ずつ区切って、区切った中で足し算をし、最後に繰り上がりに注意しながら2桁ごとの和を取っていく方法**がある。この方法だと桁数の大きい2つの数の足し算が小さなブロックごとの計算になり、すばやく計算できる。

練習

(1) 125732+311847

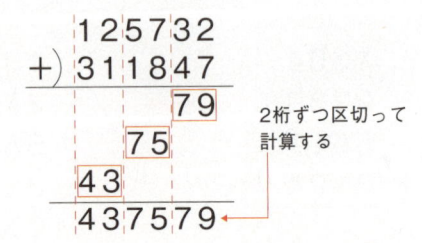

```
   125732
+) 311847
       79
      75
    43
   437579
```

2桁ずつ区切って計算する

(2) 485429 + 79257

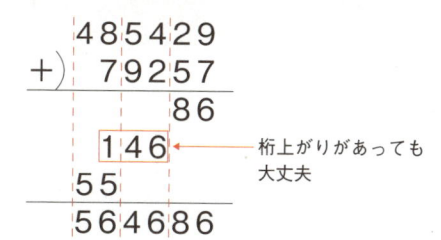

```
   485429
+)  79257
       86
      146   ← 桁上がりがあっても大丈夫
    55
   564686
```

(3) 75192358 + 69872475

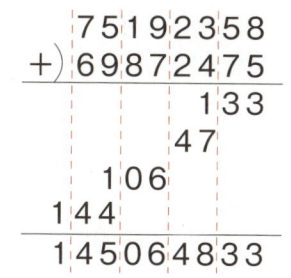

```
   75192358
+) 69872475
        133
       47
     106
   144
  145064833
```

> 3桁ごとに区切ってもできるけど、速算では2桁ごとのほうがいいみたいだね！

> へぇ～

4-13 普通の2桁同士の掛け算をひと工夫する

例題

$34 \times 57 \rightarrow$

```
    3 4
  × 5 7
  ─────
  1 5 2 8      ……上下を掛ける
   3×5 4×7
  + 4 1        ……たすきに掛けて足す
    3×7+5×4
  ─────
  1 9 3 8
```

2桁と2桁の掛け算は、例題で示したように、一の位の数同士の掛け算と十の位の数同士の掛け算の値に、一の位と十の位の数を互い違いに掛けて足した値をプラスすることで得られる。一桁同士の掛け算を繰り返せばよいので、途中の繰り上がりに神経を使わなくて済むため、速算につながるのである。

なんで握手なんだろう……

「互い違いに掛けて足す」つまりタスキ掛けの和は、数学では本当によくでてくるんだって!

第4章 計算をラクにする工夫の技術

練習

(1)
```
        2 1
    ×)  4 2
2×4  0 8  0 2  1×2
    +) 0 8      2×2+4×1
     8 8 2
```

(2)
```
        1 2
    ×)  3 4
1×3  0 3  0 8  2×4
    +) 1 0      1×4+2×3
     4 0 8
```

(3)
```
      1 1
   ×) 1 2
    0 1 0 2
   +) 0 3
    1 3 2
```

(4)
```
      9 1
   ×) 8 2
    7 2 0 2
   +) 2 6
    7 4 6 2
```

(5)
```
      7 9
   ×) 8 7
    5 6 6 3
   +)1 2 1
    6 8 7 3
```

(6)
```
      9 9
   ×) 9 8
    8 1 7 2
   +)1 5 3
    9 7 0 2
```

4-14 「3桁×1桁」の掛け算も繰り上がりを気にしない

例題

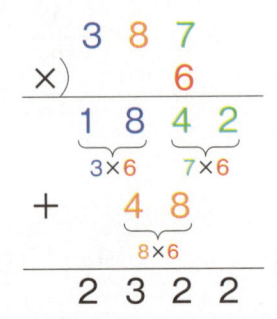

```
      3 8 7
  ×)      6
  ─────────
    1 8 4 2
     └┬┘└┬┘
     3×6 7×6
  +     4 8
         └┬┘
         8×6
  ─────────
    2 3 2 2
```

　「3桁×1桁」の掛け算は「2桁×2桁」と同様に速算できる。例題で示したように、まず、3桁の百の位の数3と一の位の数7に、それぞれ1桁の数6を掛けた値を線の下に書く。次に、残った3桁の十の位の数8と、1桁の数6を掛けて、1行下げて中央に書く。最後に上下の行を足せば終了である。

　この計算方法は一見複雑だが、途中で繰り上がりを気にせず、九九の計算だけでスイスイ進むところにメリットがある。

> 繰り上がりを気にしないってラクチンね！

第4章 計算をラクにする工夫の技術

「888」の色と、計算後の「48」「48」「48」の色はそれぞれ対応しているよ！

練習

(1)
```
    8 8 8
  ×     6
  4 8 4 8
+   4 8
  5 3 2 8
```

(2)
```
    4 7 5
  ×     6
  2 4 3 0
+   4 2
  2 8 5 0
```

(3)
```
    9 5 4
  ×     7
  6 3 2 8
+   3 5
  6 6 7 8
```

105

4-15 3乗、4乗を速算する

例題

$$12^3 = \underbrace{(12-2)}_{\text{キリのよい数}} \times 12 \times (12+2) + 12 \times 2^2$$

$$= 10 \times 14 \times 6 \times 2 + 48$$
$$= 10 \times 84 \times 2 + 48$$
$$= 1680 + 48 = 1728$$

$$15^4 = \underbrace{(15-5)}_{\text{キリのよい数}} \times 15^2 \times \underbrace{(15+5)}_{\text{キリのよい数}} + 15^2 \times 5^2$$

$$= 10 \times 15^2 \times 20 + 15^2 \times 5^2$$
$$= 200 \times 225 + 75^2$$
$$= 45000 + 5625 = 50625$$

(注) 75^2 は $(7 \times 8) \times 100 + (5 \times 5) = 5625$ (**3-3**参照)

　a が10とか100などのキリのよい数であれば、a^3 や a^4 の計算も簡単だが、a がキリのよい数とは限らない。しかし、a に適当な数 d を足した $(a+d)$ や、引いた $(a-d)$ がキリのよい数になるのであれば、話は別である。次ページの展開公式を利用すれば、3乗や4乗の計算も割とラクにできる。

$$a^3 = (a-d)a(a+d) + ad^2$$

$$a^4 = (a-d)a^2(a+d) + a^2d^2$$

ただし、$(a+d)$ と $(a-d)$ の両方ともキリのよい数になるような d は限られるため、どんな数 a に対しても楽に a^3 の暗算ができるというわけではない。

練習

(1) 11^3 　　　　　　$= 10 \times 11 \times 12 + 11 \times 1^2 = 1320 + 11 = 1331$

(2) 11^4 　　　　　　$= 10 \times 11^2 \times 12 + 11^2 \times 1^2$
　　　　　　　　　　$= 10 \times 121 \times 12 + 121$
　　　　　　　　　　$= 10 \times 121 \times (10+2) + 121$
　　　　　　　　　　$= 10 \times (1210 + 242) + 121$
　　　　　　　　　　$= 14520 + 121 = 14641$

> 数学の公式には規則性があるんだよ！
>
> $a^2 = (a-d)(a+d) + d^2$
> $a^3 = (a-d)a(a+d) + ad^2$
> $a^4 = (a-d)a^2(a+d) + a^2d^2$
> 　　　⋮

参考 覚えておきたい円周率や平方根

円周率や一部の平方根(ルート)はふだんの生活や仕事でもよく使われる。たとえば、コピーを取るとき「面積を2倍に拡大したいのだが、長さの倍率はどのくらいか」と問われたらどう答えるだろう。正解は$x^2=2$より、元の長さの$\sqrt{2}$倍である。

しかし、$\sqrt{2}$倍といわれてもピンとこない。もし、$\sqrt{2}$の近似値が1.41421356であることを知っていれば、即座に「約1.4倍ですよ」と答えることができる。

このように、円周率や典型的な平方根については、知っていると便利なことが多い。そこで、語呂合わせを使った有名な覚え方があるので紹介しておこう。

円周率 π = 3.141592653……
「さんてんいちよん異国(いこく)に婿(むこ)さん」(10桁)

$\sqrt{2}$ = 1.41421356	一夜一夜に人見頃(ひとよひとよにひとみごろ)
$\sqrt{3}$ = 1.7320508	人並みにおごれや(ひとなみにおごれや)
$\sqrt{5}$ = 2.2360679	富士山麓オーム鳴く(ふじさんろくオームなく)
$\sqrt{6}$ = 2.44949	似よよくよく(によよくよく)
$\sqrt{7}$ = 2.64575	菜に虫いない(なにむしいない)
$\sqrt{10}$ = 3.162277	人丸は三色に並ぶ七並ぶ(ひとまるはさんいろにならぶしちならぶ)

(注)$\sqrt{7}$と$\sqrt{10}$の語呂合わせには$\sqrt{7}$、$\sqrt{10}$そのものも入る。

第5章

瞬時に本質をつかむ概算の技術

数字を概算する力は「その人の能力を表す」といっても過言ではない。なぜなら、我々のふだんの計算の多くは、精緻な計算よりも「ほどよい加減の概算」だからだ。たとえば上司から「通常月の打ち合わせ代、人件費、そのうちの残業代はどのくらい?」と聞かれて、アタマ2桁くらいの概数がパッと出ないようでは恥ずかしい。そこで本章では、概算のテクニックを紹介しておこう。

5-1 足し算・引き算は同じ位までの概数を利用する

例題

① 65987＋31549 ……正確な値は97536

　　↓ 千の位(例)までの概数にする
　　　（百の位で四捨五入する）

66000＋32000 ➡ 98000

② 65987－31549 ……正確な値は34438

　　↓ 千の位(例)までの概数にする
　　　（百の位で四捨五入する）

66000－32000 ➡ 34000

　足し算・引き算で概算するときは、各数を同じ位までの概数に一度直してから計算するとよい。概数に直すときは通常、四捨五入を用いる。上記は、統一する位を千の位にした足し算と引き算の例である。

　なお、一方を千の位までの概数、他方を百の位までの概数にしてから足したり引いたりしても意味はない。統一する位を何にするかはケースバイケースである。

第5章 瞬時に本質をつかむ概算の技術

練習

次の概算をしなさい。ただし、（　）内までの概数を四捨五入で求め、計算するものとする。

(1) 13549 ＋ 5362　　　　　　　　（百の位）

　　　　　13500＋5400＝18900……正確な値は18911

(2) 13549 － 5362　　　　　　　　（百の位）

　　　　　13500－5400＝8100……正確な値は8187

(3) 23758 ＋ 42962 ＋ 5841　　　　（千の位）

　　　　　24000＋43000＋6000＝73000……正確な値は72561

(4) 54819 ＋ 32977 － 58419　　　（千の位）

　　　　　55000＋33000－58000＝30000……正確な値は29377

(5) 54819 ＋ 32977 － 58419　　　（万の位）

　　　　　50000＋30000－60000＝20000……正確な値は29377

（注）(4)と(5)は同じ計算だが、概数の桁を変えたもの。(5)のように上1桁の概数だと、あまりにアバウトすぎることがわかる。概数ではせめて、上2桁は欲しい。

5-2 同じ桁までの概数で掛け算・割り算する

例題

① 65987×315 ……正確な値は20785905

↓ 上から2桁(例)までの概数にする

66000×320 → 21120000 → 21000000

② 65987÷315 ……正確な値は209.48……

↓ 上から2桁(例)までの概数にする

66000÷320 → 206.25 → 210

　掛け算・割り算での概算は、上位の桁数をそろえてから計算するとよい。概数に直すときには、通常は四捨五入を用いる。上記は統一した桁を上位2桁とした掛け算・割り算の例だ。上位何桁に統一するかはケースバイケース。

　次ページの計算例を見てもわかるように、1桁の概算では大幅に値が違ってくることがある。

練習

次の概算をしなさい。ただし、上から（　）内までの桁数の概数にして計算するものとする。

(1) 135 × 53　(1桁) ……正確な値は7155
　　　　　　　100×50=5000

(2) 135 × 53　(2桁) ……正確な値は7155
　　　　　　　140×53=7420　→　7400

(3) 483297 × 26945　(2桁) ……正確な値は13022437665
　　480000×27000=12960000000　→　13000000000

(4) 483297 × 26945　(3桁) ……正確な値は13022437665
　　483000×26900=12992700000　→　13000000000

(5) 483297 ÷ 26945　(2桁) ……正確な値は17.936426……
　　　　　　480000÷27000=17.7777……　→　18

(6) 483297 ÷ 26945　(3桁) ……正確な値は17.936426……
　　　　　　483000÷26900=17.9553……　→　18.0

5-3 「丸めの工夫」で掛け算を概算する

例題

① 75×46 ……正確な値は3450

↓ 上から1桁(例)までの概数にする。ただし、一方は切り上げ、他方は切り捨て

80×40 ➡ 3200

(70×50 としてもよい)

② 79×46 ……正確な値は3634

↓ 上から2桁(例)までの概数にする。ただし、一方に1を足したので、他方は1を引く

80×45 ➡ 3600

　元の数から概数を求めることを「丸める」という。概数に丸めるときによく使われるのが四捨五入だが、結果的に、すべての数を大きいほうで丸めてしまったり、反対にすべての数を少なく丸めてしまうこともある。これでは誤差が大きくなる。

　そこで、片方の数を切り上げて丸めたら、他の数を切り捨てて小さめに丸めて「公平」を保つ(誤差を小さくする)というのがここでの概算の狙いである。人間的配慮のように見えるが、現実的な対応といえる。

　例題の①がこの例である。もし、79×49 くらいであれば四捨五入して両方とも切り上がっても誤差は少ないが、①のケースの 75×46 はいずれの数も一の位が「5」にきわめて近いため、四捨

五入すると両方とも切り上がってしまう。このまま概数計算をすると、元の数よりもかなり大きくなることは明らかだ。そこで①の計算では、一方を切り上げ、他を切り捨てて計算した結果、3200になった。もし、両数とも切り上げて計算していたら、80 × 50 = 4000になって、3450との差が大きくなっていた。

また、一方の数にキリのよい数を足して丸めたら、他方の数からはその分だけ引くという概算もある。それが例題②の例である。②では「79→80」と1だけ足してキリのよい数になった。そこで他方の数を「46→45」と1だけ減らした。少なくとも片方が80という計算しやすい数なので、暗算でできる。

「丸め処理」にどの方法を使うかは扱う対象しだい、状況しだいである。なお、これらの丸め処理は足し算や引き算にも使える。速算は何事にも臨機応変の精神である。

練習

次の概算をしなさい。ただし、(1)と(2)は、上から( )内までの桁数の概数にして計算するものとする。

(1) 135×534 (2桁)

　　　140×530＝74200 ……正確な値は72090

　　　　↑　　　↑
　　　切り上げ　切り捨て

(2) 4792×3524 (1桁)

　　　5000×3000＝15000000 ……正確な値は16887008

　　　　↑　　　　↑
　　　切り上げ　切り捨て

(2)の概数計算は「1桁」のみで誤差が大きくなりそうだが、「切り上げ・切り捨て」を使うことで、誤差が小さくなっている。また、これならば暗算でもできる。ケースバイケースで速算をこなしていこう！

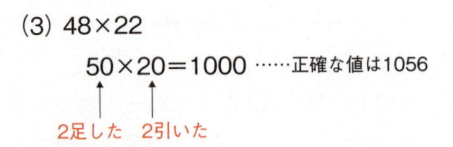

(3) 48×22

   50×20＝1000 ……正確な値は1056

   ↑ ↑
  2足した 2引いた

(4) 395×155

   400×150＝60000 ……正確な値は61225

   ↑ ↑
  5足した 5引いた

(3)と(4)は桁数が書かれていない。その場合は必ずしも「切り上げ・切り捨て」をする必要はない。

5-4　1に近い数のn乗を概算する

ポイント

累乗計算を掛け算に直す！
$$(1+0.002)^3 ≒ 1 + 3 × 0.002$$

　これは少し高度な概算だが、知っておくとすごく助かる。ここでは「1」にきわめて近い数の場合に使える累乗（べき乗ともいう）計算だ。実際、最近の金利計算などはこの累乗計算に該当する。企業の売り上げ予測、市場の成長予測なども最近は微々たるものになってきている場合が多いので、十分に使え、しかも暗算でできる。

　いま、下の式でhが0に近い数のときは、$(1+h)$のn乗はおよそ$1+nh$である。累乗計算が掛け算で済んでしまう。

$$(1+h)^n ≒ 1 + nh \quad (h≒0)$$

　これを用いると、1に近い数のn乗が簡単に計算できるので便利である。電卓を用いてもパソコンを用いても、累乗計算はめんどうだ。それが簡単な掛け算でできる便利さがある。

練習

次の累乗計算を概数で求めなさい。

(1) $(1.002)^3$ ……3乗の概数

$$= (1+0.002)^3 ≒ 1+3×0.002 = 1.006$$
（正確には1.00601……）

(2) $(1.002)^5$ ……5乗の概数

$$= (1+0.02)^5 ≒ 1+5×0.02 = 1.1$$
（正確には1.10408……）

(3) $(0.997)^4$ ……4乗の概数

$$= (1-0.003)^4 ≒ 1-4×0.003 = 0.988$$
（正確には0.988053……）

誤差率は
(1)で0.001%
(2)で0.4%
(3)で0.005%
にすぎないから
十分に使えそう

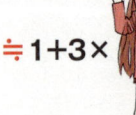

$$\left(1+\right)\left(1+\right)\left(1+\right)$$

$$≒ 1+3×$$

5-5　1に近い数の平方根を概算する

$$\sqrt{1.006} \fallingdotseq 1 + \frac{1}{2} \times 0.006$$

今度は逆に、平方根（ルート）の簡単な算出法だ。h が0に近い数のときは、$(1+h)$ の平方根は約 $(1+\frac{1}{2}h)$ となる。

$$\sqrt{1+h} \fallingdotseq 1 + \frac{1}{2}h \quad (h \fallingdotseq 0)$$

これを用いると、1に近い数の平方根が簡単に計算できるので便利だ。なお、平方根（2乗根）を表す記号 $\sqrt{}$ は $\sqrt[2]{}$ の2が省略されたものである。3乗根の場合も平方根と同様に、h が0に近い数のときは $\sqrt[3]{1+h} \fallingdotseq 1 + \frac{1}{3}h$ となる。同様に、4乗根の場合は、$\sqrt[4]{1+h} \fallingdotseq 1 + \frac{1}{4}h$、5乗根の場合は $\sqrt[5]{1+h} \fallingdotseq 1 + \frac{1}{5}h$ となる。

練習

次の累乗計算を概数で求めなさい。

(1) $\sqrt{1.001} = (1+0.001)^{\frac{1}{2}} \fallingdotseq 1 + \frac{1}{2} \times 0.001$
　　$= 1 + 0.0005 = $ 1.0005

　　　　　　　　　　　　　　　（正しくは1.000499875……）

(2) $\sqrt{0.98} = (1-0.02)^{\frac{1}{2}} \fallingdotseq 1 - \frac{1}{2} \times 0.02$
　　$= 1 - 0.01 = $ 0.99

　　　　　　　　　　　　　　　（正しくは0.98994……）

5-6 「$2^{10} ≒ 1000$」で概算する

$2^{10} ≒ 1000$ と見なすと超概算できる！

2^{10} の値は $2×2×2×2$……と2を10回掛けて求められ、正確には1024である。しかし、この値を1000と見なして利用すると、いろいろな概算が便利にできる。

たとえば、ある病原菌が1分ごとに2倍、さらに2倍と増殖するという場合、最初1匹であった病原菌の1時間（＝60分）後の数は次のようにして求められる。

$$1×\underbrace{2×2×2×\cdots×2×2}_{\text{2を60回掛ける}}=2^{60}=(2^{10})^6≒1000^6=(10^3)^6=10^{18}$$

これは、「途方もなく大きな数だ」とはわかるが、2^{60} とはいったいどのくらいの大きさなのか、100億なのか、10兆なのか、その単位さえ想像がつかない。人はやはり、10進数で示さないとわからないものなのだ。

そこで、$2^{10}=1000$ とみなしてしまう。つまり、$2^{10}≒10^3$ とすると、$2^{60}≒(10^3)^6=10^{18}=1,000,000,000,000,000,000$ となる。100京だ。京は兆の1つ上の単位である。

なお、2^{10} だけでなく、ついでに 3^{10} や 5^{10} も知っていると便利である。この3つをセットにして覚えておこう。

$2^{10}=1024≒1000=$ 千
$3^{10}=59049≒60000=$ 6万
$5^{10}=9765625≒10000000=$ 1000万

練習

次の問題を解きなさい。

ある会の会員になれば6万円の利益を得ることができるという。ただし会員は次の規約に従うとする。
(1) 加入費10万円を支払う。
　　（そのうち2万円は本部へ、8万円は勧誘した上位会員へ）
(2) 会員は必ず新たに2人の会員を勧誘する。

この規約に従って次から次へと会員を増やしていくとき、この会の本部の収入は20世代後にいくらになるか、その額を求めよ。ただし、第1世代の加入費10万円は全額を本部へ拠出する。

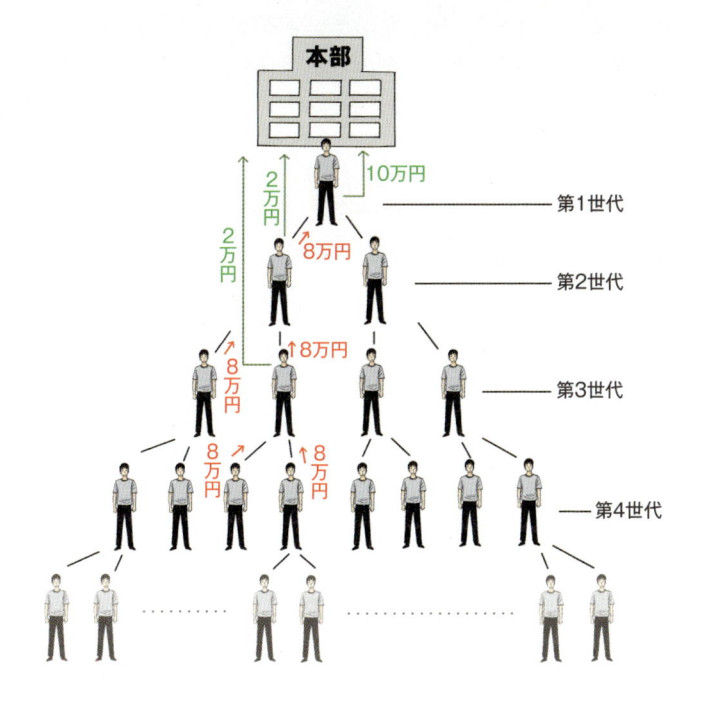

解答

$10 + 2 \times 2 + 2 \times 4 + 2 \times 8 + 2 \times 16 + \cdots$
$= 8 + 2 + 2 \times 2 + 2 \times 4 + 2 \times 8 + 2 \times 16 + \cdots$
$= 8 + 2(1 + 2 + 2^2 + 2^3 + 2^4 + \cdots + 2^{19})$ （注1）を参照。
$= 8 + 2 \dfrac{2^{20}-1}{2-1} = 8 + 2(2^{20}-1)$ （注2）を参照。
$= 8 + 2\{(2^{10})^2 - 1\} \fallingdotseq 8 + 2\{(10^3)^2 - 1\} = 6 + 2 \times 10^6$
$\fallingdotseq 2000000$（万円）

つまり、約200億円である。

このような原理の商売はネズミ講と呼ばれ、法律で禁止されている。なぜなら、第1世代から第20世代までの会員数は約100万人、第25世代までの会員数は約3200万人となり、すぐに破綻してしまうからである。

（注1）$S = 1 + 2 + 2^2 + 2^3 \cdots\cdots + 2^{19}$ ……①
とし、両辺を2倍すると、
$2S = 2 + 2^2 + 2^3 + \cdots\cdots + 2^{20}$ ……②
②−①は、$(2-1)S = 2^{20} - 1$
よって、$S = \dfrac{2^{20}-1}{2-1}$ となる。

（注2）ここでは、以下の指数法則を使って計算している。
$a^m a^n = a^{m+n}$
$(a^m)^n = a^{mn}$
$(ab)^n = a^n b^n$
ただしm、nは整数

5-7 有効数字の桁数を知ってムダな計算を省く

ポイント

測定値の計算法
①足し算・引き算：位取りをそろえる
②掛け算・割り算：計算に用いる測定値のうち、
　　　　　　　　もっとも少ない有効数字を、
　　　　　　　　計算結果の有効数字とする

　長さや重さなどを測ったときの量は数値と単位で表される。たとえば、鉛筆の長さを定規で測ったら12.7cmというようにである。

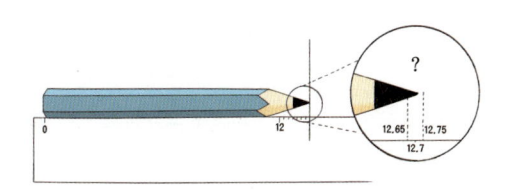

有効数字3桁　12.7

　このとき、単位はcm（センチメートル）であり、数値12.7は「1」単位の何倍であるかを表している。この12.7cmはモノサシである定規によって得られた値なので測定値と呼ばれている。
　ここで1つだけ注意しておきたい。それは「測定値はどこまでも測定値であって、真の値ではない」ということである。上記の測定値12.7cmの場合、鉛筆のホントの長さは12.65〜12.75cmぐら

いの範囲にあることを示している。つまり、12cmまでのところは正確だが、最後の0.7cmの部分は「多少の誤差を含んでいる」と考えられる。そこで、測定値に対して有効数字という言葉が使われることになる。つまり、有効数字とは、その測定器で測定しうる量の有効な（意味のある）桁の数字という意味であり、その最小桁には四捨五入などによる誤差が含まれている。

先の例でいえば、測定値12.7cmの1、2、7を有効数字といい、その桁数は3桁となる。

ここで、もう1つ注意しておくことがある。それは、冒頭に掲げた計算規則に従うのは、有効桁数が異なる測定値同士の計算のときということである。無意味な計算をしないようにするためである。

練習1

次の測定値の有効数字は何桁か。

(1) 0.00532g

「0、0、0、5、3、2」だから「有効数字は6桁だ！」と思うかもしれないが、最初の0.00の0は通常、「位取りの0」であって測定値ではない、と考える。だから「0以外の数値」が出てきた「5」からカウントすると「5、3、2」で3桁。5.32×10^{-3}と書かれていても有効数字は3桁だ。10^{-3}は$\frac{1}{10^3}$の意味。

答え：3桁。

(2) 2.997×10^5m/s

「2、9、9、7」で4桁だ。

答え：4桁。

(3) 1.02×10^4 cal

「1、0、2」で答えは3桁。

よく似た問題として、たとえば、1.020×10^4と書いてあれば「1、0、2、0」まで有効なので、有効数字は4桁である。これは、

$1.02 \times 10^4 = 10200$ ……①
$1.020 \times 10^4 = 10200$ ……②

のように両方とも同じに見えるが、①は最初の3桁までは「確かだよ」というのに対して、②は4桁目まで「確かだよ」という違いがある。答え：3桁。

(4) 3.25×10^{-8} cm

10^{-8}は$\frac{1}{10^8}$の意味だ。答え：3桁。

練習2

有効数字を考えて、次の計算をしなさい。

(1) 238.28g + 0.0236g + 1.5792g
 ≒ 238.28 + 0.02 + 1.58
 = 239.88g

足し算、引き算では「位取り」を有効数字より優先する。もし有効数字だけで考えて、「5桁、3桁、5桁」なので「3桁でそろえて足し算をしよう！」とすると、「238 + 0.0236 + 1.58」となり、位取りがデタラメな計算になる。そこで「位取りをそろえる」のが優先される。この問題では、どの数も「小数第2位」までで計算。小数第3位を四捨五入する。

(2) 358.6g − 1.346g + 57g

　　≒ 359 − 1 + 57 = 415g

　小数第1位を四捨五入し、どの数も整数化する。

(3) 62.3 cm × 13.62 cm

　　= 848.526 より、849 cm^2

　有効数字の桁数が3桁と4桁だから、答えも3桁の849（4桁目の5を四捨五入）とする。

(4) 85.2g ÷ 62.1 cm^3

　　≒ 1.37198 より、1.37g/cm^3

　有効数字の桁数がともに3桁だから、答えも3桁にする。

第6章

秒速で不備を発見する検算の技術

速算の技術は簡単な手法を使うので、計算ミスをしにくい。とはいっても、そこは人間。誰だって間違えることはある。大事なのは「検算」ということになるが、同じ方法で再計算すると、同じミスを繰り返すこともある。そこで検算の原則として「すばやくでき、しかも異なる方法」が求められる。世の中にはすばやく検算のできる人もいる。会計資料が配られると、すぐにその不備を発見してしまう。そういう人は「検算のツボ」を心得ているのだ。本章では、検算のツボを紹介することにしよう。

6-1 検算はいろいろな方法を使い分ける

ポイント　検算は違った方法で！

検算には下記のようにいろいろな方法がある。共通していえるのは、元の計算法とは違う方法が望ましいということである。

① 逆の計算で攻める
② 概数で攻める
③ 余りに着目する

①の方法は、たとえば「引き算でやった結果を、検算では足し算でやってみる。割り算の計算結果を、検算では掛け算でやってみる」というように、逆の計算で検算する方法である。

> 45−13＝32は正しいかな？

> 32＋13＝45だから正しいよ

②の方法は、細かいことには目をつぶる。概算で大ざっぱに検算をする方法である。桁が1つ違うといった大きなミスを見つけ出す。

③は、2つの数が等しいかどうかを、ある数で割った余りで判定しようという方法である。「ある数」として9を採用したのが、**九去法**と呼ばれる有名な検算方法である。

6-2 「一の位」だけで瞬時に検算する

例題

```
    512
    386
    762
 +) 988
   2649  ✗
```
↑
一の位の和が違っていれば
正解ではない

```
     385
  ×) 593
  228306  ✗
```
↑
一の位の積が違っていれば
正解ではない

　計算が正しいかどうか、それを正確にチェックするのは大変である。しかし、「これは明らかな間違いですよ」という指摘だけなら簡単な方法がある。それは一の位に着目する方法である。

　なぜならば、足し算や掛け算においては、一の位はほかの位と違い、わずらわしい繰り上げを気にしなくても済むからである。もちろん、一の位が正しくても全体の計算が正しいとは限らない。しかし、多少、安心はできる。

> 足し算・掛け算の
> すばやい検算は
> 一の位に着目ね！

6-3 キリのよい数を使って大まかに検算する

例題

```
   693              700
   221              200
  -615    概算     -600
   825     →        800
+)-193           +)-200
  ━━━              ━━━
   931              900
```

たくさんある数の計算の検算は、個々の数をそれぞれに一番近いキリのよい数に置き換えて計算するとすばやくできる。ある数にいちばん近いキリのよい数とは、数を数直線上で表現した場合、その数と最短距離の位置にあるキリのよい数を意味する。

キリのよい数　　　　　　　　　キリのよい数
　　　　　　　　　　　　　　　こちらのほうが近い

練習1

(1) 693に一番近いキリのよい数は700だ！

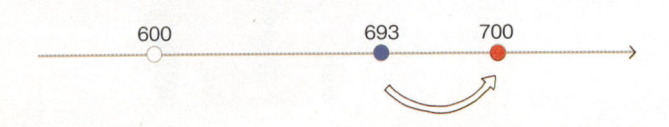

600　　　　693　700

第6章 秒速で不備を発見する検算の技術

(2) －515に一番近いキリのよい数は－500

(3) －292に一番近いキリのよい数は－300

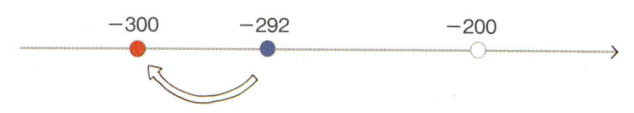

練習2

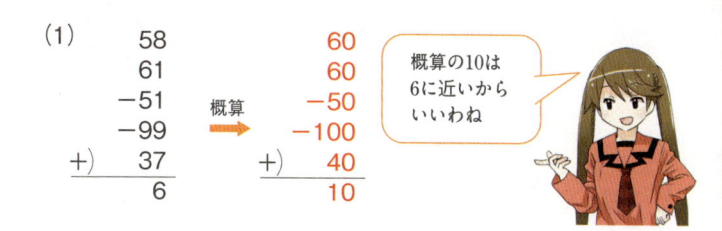

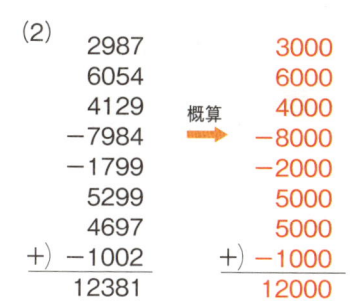

(1)

```
   58          60
   61          60
  -51   概算  -50
  -99    →   -100
+) 37       +) 40
   6          10
```

「概算の10は6に近いからいいわね」

(2)

```
  2987         3000
  6054         6000
  4129   概算  4000
 -7984    →  -8000
 -1799        -2000
  5299         5000
  4697         5000
+)-1002     +)-1000
 12381        12000
```

「概算の12000は12381に近いからいいと思う」

6-4 九去法で検算する

ポイント

元の数Aと計算後の答えBを9で割った余りを
それぞれm、nとする。

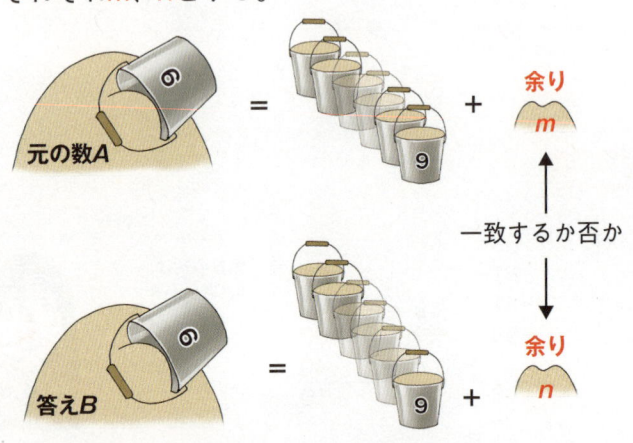

$m=n$ のとき、たぶん$A=B$
$m \neq n$ のとき、絶対$A \neq B$

　検算で有名なものに九去法がある。もちろん、9で割らなくてもいいが、9で割るのは2つの理由がある。
　まず、9で割ったときの余りは9種類あり、2や3で割る場合より多いので、ミスを見逃す可能性が低く、余りが等しいときに、元の数同士が等しい可能性が高いことを意味している。

もう1つの理由は、9で割った余りは、実際に割り算をしなくても、次の「9割の定理」から簡単に求められることである。

> **9割の定理**
> 整数□○△……▽◎を9で割った余りは、各桁の和、つまり□＋○＋△＋……＋▽＋◎を9で割った余りに等しい。

たとえば「18472を9で割った余りは、1＋8＋4＋7＋2を9で割った余りに等しい」ことになる。

また、9で割った余りを求めるときには、次の「9の取り去りの定理」が使える。これが「九去法」の名前の由来である。

> **9の取り去りの定理**
> □＋○＋△＋……＋▽＋◎を9で割った余りは、部分的に足して9になるところを取り去ってから求めてよい。また、勝手にいくつかを組み合わせて9を超えた場合は、それを9で割った余りで置き換えてよい。

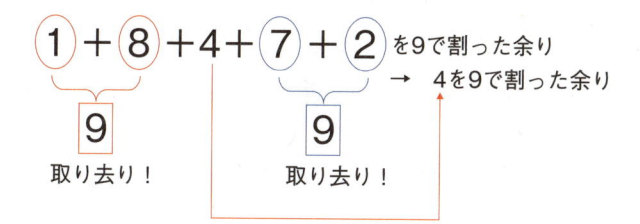

$$\underbrace{①＋⑧}_{9\text{ 取り去り！}}＋4＋\underbrace{⑦＋②}_{9\text{ 取り去り！}} \text{を9で割った余り}$$
$$\rightarrow 4\text{を9で割った余り}$$

なお、この「9の取り去りの定理」そのものについては、他の任意の正の整数でも成り立つ。

6-5　足し算を九去法で検算する

ポイント

元の計算式$a+b$と計算結果cを9で割った余りを
それぞれm、nとする。

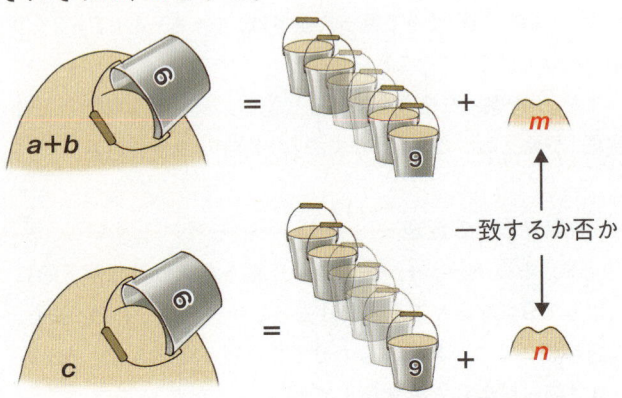

$m=n$なら、$a+b=c$（たぶん正解）
$m≠n$なら、$a+b≠c$（絶対に間違い！）

たとえば、「3278 + 487 = 3765」は正しいかを九去法で検算してみる。

まず、式の左辺3278 + 487を9で割った余りを求める。

3278＋487　　➡　（ⅰ）、（ⅱ）より9で割った余りは2+1=3

（ⅱ）487、つまり、4+8+7を9で割った余りは1

（ⅰ）3278、つまり、3+2+7+8を9で割った余りは2

次に、式の右辺3765(答え)を9で割った余りを求める。

3765 → 3＋7＋6＋5を9で割った余りだから「3」

以上のことから、式の左辺も右辺も9で割ると余りが3で等しい。ゆえに、式の足し算の結果は「たぶん正解」といえる。ただし、絶対に正しいと保証されたわけではない。

> $a+b$を9で割った余りは、aを9で割った余りとbを9で割った余りを足してその値を9で割った余りに等しいんだよ

練習

次の計算結果を検算しなさい。

(1) 63977＋632＝64609 …… ①
9割の定理より、63977を9で割った余りは6＋3＋9＋7＋7より5
632を9で割った余りは6＋3＋2より2
よって63977＋632を9で割った余りは5＋2より7
64609を9で割った余りは、6＋4＋6＋0＋9＝25なので、

9で割って余りは7
両方とも余りが7で等しいので、①の足し算は「たぶん正解」と推測できる。

(2) 817＋17＝844 ……②
9割の定理より、
817を9で割った余りは、8＋1＋7より7
17を9で割った余りは、1＋7より8
よって、817＋17を9で割った余りは、7＋8＝15なので、9で割って余りは6
844を9で割った余りは、8＋4＋4＝16なので、9で割って余りは7
余りが異なるので、②の足し算は「絶対に間違い！」である。

(3) 4405＋38216＝42623 ……③
9割の定理より、
4405を9で割った余りは、4＋4＋0＋5＝13より4
38216を9で割った余りは、3＋8＋2＋1＋6＝20より2
よって、4405＋38216を9で割った余りは、4＋2より6
42623を9で割った余りは、4＋2＋6＋2＋3＝17より8
余りが異なる③の足し算は「絶対に間違い！」である。

　なお、繰り返すが九去法の検算は、余りが合わなかった場合には「絶対に間違い！」といえるが、合っていた場合には「たぶん正解」とはいえても、「絶対に正しい！」とは保証できないことを忘れてはいけない。

第6章 秒速で不備を発見する検算の技術

6-6 引き算を九去法で検算する

ポイント

元の計算式$a-b$、計算結果cを9で割った余りをそれぞれm、nとする。

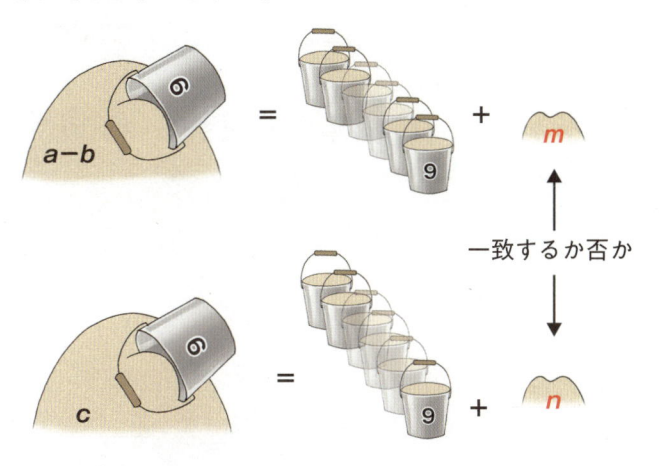

$m=n$なら、$a-b=c$（たぶん正解）
$m\neq n$なら、$a-b\neq c$（絶対に間違い！）

　たとえば、「3278 − 487 = 2791」は正しいかを九去法で検算してみる。
　まず、式の左辺3278 − 487を9で割った余りを求める。

3278－487 　　➡　（ⅰ）、（ⅱ）より、9で割った余りは2－1＝1
　　　　　　　　　　（この段階で引き算をするのが、足し算との違い）
　　　↓
　　　　（ⅱ）487、つまり、4＋8＋7を9で割った余りは1
　↓
（ⅰ）3278、つまり、3＋2＋7＋8を9で割った余りは2

次に、式の右辺2791を9で割った余りを求める。

2791 → 2＋7＋9＋1を9で割った余りだから「1」

以上のことから、式の左辺も右辺も9で割ると余りが1で等しい。
ゆえに、式の引き算の結果は「たぶん正解」といえる。

> $a－b$を9で割った余りは、aを9で割った余りからbを9で割った余りを引けばいいんだって！ただし引くと負の数になる場合は（例＝－5）、その負の数に9を足した値（＝4）を余りとするといいらしいよ！

例題

以下の①と②を九去法で検算しなさい。

① 73977－1632＝72345

9割の定理より、

73977を9で割った余りは7＋3＋9＋7＋7より6
1632を9で割った余りは1＋6＋3＋2より3
よって、73977－1632を9で割った余りは6－3より3
（この段階で引き算をするのが、足し算との違い）
72345を9で割った余りは7＋2＋3＋4＋5より3
両方とも余りが3で等しいので、①の引き算はたぶん正解。

② 917650－237412＝676380
917650を9で割った余りは9＋1＋7＋6＋5＋0より1
237412を9で割った余りは2＋3＋7＋4＋1＋2より1
よって、917650－237412を9で割った余りは1－1より0
（この段階で引き算をするのが、足し算との違い）
676380を9で割った余りは6＋7＋6＋3＋8＋0より3
余りが異なるので、②の引き算は絶対に間違い。

練習

次の計算を九去法で検算しなさい。

(1) 7006981－212998＝6793883
(2) 4545379－90235＝4455124
(3) 2099831－350076＝1749755

　答えは、(1)絶対に間違い、(2)絶対に間違い、(3)たぶん正解。

6-7　掛け算を九去法で検算する

ポイント

元の計算式$a×b$、計算結果cを9で割った余りを
それぞれm、nとする。

　　$m=n$なら、$a×b=c$（たぶん正解）
　　$m≠n$なら、$a×b≠c$（絶対に間違い！）

たとえば、「4277 × 381 = 1629537」を九去法で検算してみる。
まず、式の左辺を9で割った余りを求める。

4277 × 381　　➡　（ⅰ）、（ⅱ）より、9で割った余りは2×3＝6

　　　　　（ⅱ）381、つまり、3＋8＋1を9で割った余りは3

（ⅰ）4277、つまり、4＋2＋7＋7を9で割った余りは2

次に、式の右辺1629537を9で割った余りを求める。

1629537 → 1＋6＋2＋9＋5＋3＋7を9で割った余りだから「6」

以上のことから、式の左辺も右辺も9で割ると余りが6で等しい。
ゆえに、元の掛け算の結果は「たぶん正解」と思われる。

第6章　秒速で不備を発見する検算の技術

> $a×b$を9で割った余りを求めるには、aを9で割った余りとbを9で割った余りを掛け合わせた値を余りとすればいいんだね

> ただしそれが9以上になっちゃった場合は、その数をさらに9で割った余りを余りとすればいいのね

練習

次の計算を検算しなさい。

(1) $734 × 532 = 390488$

9割の定理より、

734を9で割った余りは、7+3+4より 5

532を9で割った余りは、5+3+2より 1

よって、734×532を9で割った余りは、5×1=5より 5

390488を9で割った余りは、3+9+0+4+8+8より 5

両方とも余りが 5 で等しいので、「たぶん正解」といえる。

(2) $6357 × 23657 = 150388549$

9割の定理より、

6357を9で割った余りは、6+3+5+7より 3

23657を9で割った余りは、2+3+6+5+7より 5

よって、6357×23657を9で割った余りは、3×5=15より 6

150388549を9で割った余りは、

1+5+0+3+8+8+5+4+9より 7

左辺と右辺では9で割った余りが違うので、元の掛け算は「絶対に間違い」といえる。

6-8 割り算を九去法で検算する

ポイント

割られる数a、割る数b×商c＋余りrを
それぞれ9で割った余りをm、nとする。

$m=n$なら、$a÷b=c$　余りr(たぶん正解)
$m≠n$なら、$a÷b≠c$　余りr(絶対に間違い！)

　割り算の九去法は、これまでの足し算、引き算、掛け算とは少し違う。一度、掛け算に直してから検算することになる。
　たとえば、「5278÷27は、商が195で余りが13」は正しいかを九去法で検算してみる。この計算が正しいかどうかは

$$5278 = 27 × 195 + 13 \quad \cdots\cdots ①$$

が正しいかどうかで決まる。したがって、①の左辺と右辺を9で割った余りが等しいかどうかで、元の割り算が正しいかどうかを判定すればよい。
　まず、①の左辺5278を9で割った余りを求める。

$$5278 → 5+2+7+8 = 22 \text{ を9で割った余りは } 4$$

　次に、①の右辺27×195＋13を9で割った余りを求める。

27×195＋13 ➡ （ⅰ）、（ⅱ）、（ⅲ）より、
　　　　　　　　　0×6＋4＝4を9で割った余りは4
　　　　　　（ⅲ）13を9で割った余りは4
　　　（ⅱ）195、つまり、1＋9＋5を9で割った余りは6
（ⅰ）27、つまり、2＋7を9で割った余りは0

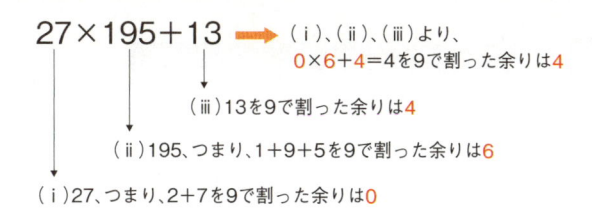

　よって、①の左辺も右辺も9で割ると余りが4で等しい。ゆえに、①、つまり、この計算は「たぶん正解」と思われる。

練習

「9831÷87は商が112で余りが7」を九去法で検算しなさい。

「9831÷87は商が112で余りが7」であることの検算は、次の②が正しいかどうかで判定できる。

　9831＝87×112＋7 …… ②

9割の定理より、
左辺の9＋8＋3＋1＝21を9で割った余りは3
右辺の8＋7＝15を9で割った余りは6
右辺の1＋1＋2＝4を9で割った余りは4
7を9で割った余りは7
よって、6×4＋7＝31を9で割った余りは4
②の左辺と右辺では9で割った余りが違うので、元の計算は「絶対に間違い」とわかる。

参考 知っておきたい数の接頭語

現代では、途方もなく大きな数や限りなく0に近い小さな数が頻繁に使われている。下記のような数の接頭語は現代人の必須教養になりつつある。

呼称	数	記号	接頭辞	漢数字表記
ヨタ	10^{24}	Y	yotta-	一秭(じょ)
ゼタ	10^{21}	Z	zetta-	十垓(がい)
エクサ	10^{18}	E	exa-	百京(けい)
ペタ	10^{15}	P	peta-	千兆
テラ	10^{12}	T	tera-	一兆
ギガ	10^{9}	G	giga-	十億
メガ	10^{6}	M	mega-	百万
キロ	10^{3}	k	kilo-	千
ヘクト	10^{2}	h	hecto-	百
デカ	10^{1}	da	deca-	十
モノ(ユニ)	10^{0}		mono-	一
デシ	10^{-1}	d	deci-	一分
センチ	10^{-2}	c	centi-	一厘
ミリ	10^{-3}	m	milli-	一毛
マイクロ	10^{-6}	μ	micro-	一微
ナノ	10^{-9}	n	nano-	一塵
ピコ	10^{-12}	p	pico-	一漠
フェムト	10^{-15}	f	femto-	一須臾(しゅゆ)
アト	10^{-18}	a	atto-	一刹那
ゼプト	10^{-21}	z	zepto-	一清浄
ヨクト	10^{-24}	y	yocto-	一涅槃寂静(ねはんじゃくじょう)

(注)涅槃静寂は、10^{-26}とするなど諸説ある。

第7章

古今東西で使われている算術の技術

本章では、古今東西の有名な算術を紹介しよう。このような計算の知恵に接することで、計算の奥深さや神髄に触れることができる。もちろん、生活や仕事でさりげなく使えればスマートだ。ここは計算術を身に付けるというより、人類の叡智を愉しんでみよう。

7-1 「19×19」までのインド式暗算術を身に付ける

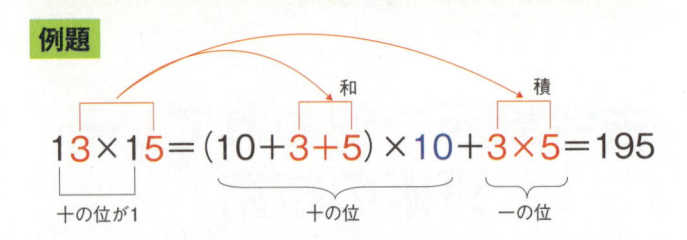

例題

$$13 \times 15 = (10 + \underset{\text{十の位}}{\underline{3+5}}) \times 10 + \underset{\text{一の位}}{\underline{3 \times 5}} = 195$$

（13の十の位が1、和が3+5、積が3×5）

　日本の学校では九九というと「9×9」までの1桁同士の掛け算だが、インドでは「19×19」の2桁同士の掛け算まで教えているという。しかし、これは驚くに値しない。日本式の九九に加え、ここで紹介する2桁の「19×19」までの掛け算をマスターすれば、インド人と同じ掛け算が暗算でできるようになる。

　2桁の数「19×19」までの掛け算の答えは次のようにして求める。

十の位は 10 + 両方の一の位の和 ……①
一の位は 両方の一の位の積 ……②

　ただし、②が2桁になれば繰り上がる。2桁の2つの数を $1a$、$1b$ とすると、$1a \times 1b$ の答えは、

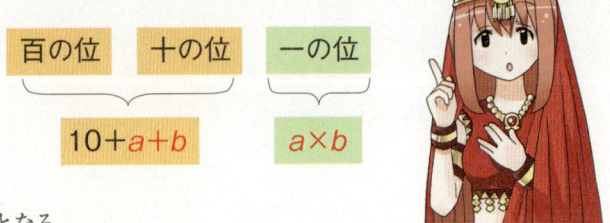

百の位	十の位	一の位
\multicolumn{2}{c}{$10 + a + b$}	$a \times b$

となる。

第7章 古今東西で使われている算術の技術

練習

(1) $12 \times 16 = (10+2+6) \times 10 + 2 \times 6 = 180 + 12 = 192$

(2) $11 \times 15 = (10+1+5) \times 10 + 1 \times 5 = 160 + 5 = 165$

(3) $17 \times 11 = (10+7+1) \times 10 + 7 \times 1 = 180 + 7 = 187$

(4) $17 \times 14 = (10+7+4) \times 10 + 7 \times 4 = 210 + 28 = 238$

(5) $18 \times 12 = (10+8+2) \times 10 + 8 \times 2 = 200 + 16 = 216$

(6) $18 \times 15 = (10+8+5) \times 10 + 8 \times 5 = 230 + 40 = 270$

(7) $16 \times 15 = (10+6+5) \times 10 + 6 \times 5 = 210 + 30 = 240$

(8) $17 \times 13 = (10+7+3) \times 10 + 7 \times 3 = 200 + 21 = 221$

(9) $19 \times 11 = (10+9+1) \times 10 + 9 \times 1 = 200 + 9 = 209$

(10) $12 \times 13 = (10+2+3) \times 10 + 2 \times 3 = 150 + 6 = 156$

(11) $15 \times 15 = (10+5+5) \times 10 + 5 \times 5 = 200 + 25 = 225$

(12) $14 \times 19 = (10+4+9) \times 10 + 4 \times 9 = 230 + 36 = 266$

(13) $13 \times 12 = (10+3+2) \times 10 + 3 \times 2 = 150 + 6 = 156$

7-2 ロシア農民の掛け算の工夫を使いこなす

ポイント

掛け算は片方を2倍し、他方を2で割ってもよい。

つまり、$a \times b = (2a) \times (b \div 2)$

ロシア農民の掛け算として知られている計算方法だ。知っていると小ネタにもなる。掛け算 $a \times b$ においては、掛けられる数 a を2倍した数に、掛ける数 b を2で割った数にして掛けても値は変わらない。

$$a \times b = (2a) \times \left(\frac{b}{2}\right)$$

これを繰り返して、掛ける数が1になったら、そのときの掛けられる数がもともとの掛け算の答えになる。

(例) $24 \times 16 = 48 \times 8 = 96 \times 4 = 192 \times 2 = \underset{\text{これが}24\times16\text{の答え}}{(384)} \times 1$

これが、ロシア農民の掛け算の基本原理である。つまり、大きな数同士の掛け算を「2を掛ける計算と2で割る計算」に置き換えて簡単にしたわけである。もちろん、2で割る際に割り切れない場合がある。そのときは、掛ける数を2で割った商だけを採用して余りの部分は無視して計算し、無視した部分は後から加えるのである。

(例1) 掛ける数を2で割り続けても余りがない場合

32×64を例にして、ロシア農民の掛け算を実行してみる。

第7章 古今東西で使われている算術の技術

	32	64	←スタート
1回目	64	32
2回目	128	16
3回目	256	8
4回目	512	4
5回目	1024	2
6回目	2048 ○	1	←掛ける数が1になったので、相棒の2048に○を付け、計算は終了

　上の表から、32×64の答えは○の付いた2048である。

(例2) 掛ける数を2で割っていくと、途中で余りがでる場合

　32×46を例にして、ロシア農民の掛け算を実行してみる。

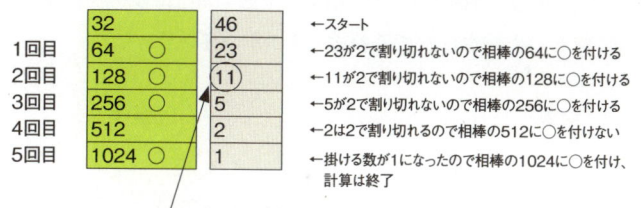

	32	46	←スタート
1回目	64 ○	23	←23が2で割り切れないので相棒の64に○を付ける
2回目	128 ○	11	←11が2で割り切れないので相棒の128に○を付ける
3回目	256 ○	5	←5が2で割り切れないので相棒の256に○を付ける
4回目	512	2	←2は2で割り切れるので相棒の512に○を付けない
5回目	1024 ○	1	←掛ける数が1になったので相棒の1024に○を付け、計算は終了

23を2で割ると、商は11で余りが1だが、商の11のみ記入。
余り1は128に○を付けて後で補正する

　上の表から、32×46の答えは、○の付いた部分を全部加えたものである。つまり、

$$1024 + 256 + 128 + 64 = 1472 \cdots\cdots ①$$

　ここで、たとえば①において64を足した理由を調べてみよう。途中の計算式に着目すると、

$$64 \times 23 = 64 \times (2 \times 11 + 1) = 128 \times 11 + 64$$

である。この右端の64を、最後に足したのである。

7-3　両手の指で掛け算する

ここで紹介する掛け算は、6×6から10×10までの掛け算を、1×1から5×5までの掛け算に帰着させる方法である。これも方法としてはおもしろい。8×7という具体例でこの方法を調べてみよう。これがわかれば、ほかの場合も同様である。

ポイント

① まず、左手と右手の両方の指に、下図のように6から10までの数を、小指から始めて親指へ1つずつ書いておく。

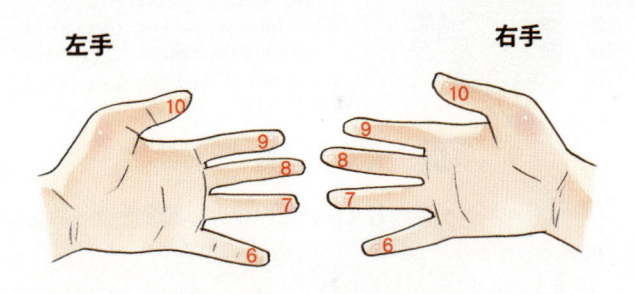

左手　　　　　　　　　　　**右手**

② 掛けたい2つの数の左手の指と右手の指をくっ付ける。ここでは8×7なので、左手の中指と右手の薬指をくっ付けることになる（次ページの図参照）。
③ くっ付けた指を含めて、そこから下にある左手と右手の指の本数の合計を求めて、これに10を掛ける。ここでは、左手の指が3本、右手の指が2本の合計5本だから、5×10＝50となる。
④ くっ付けた指を含めずに、そこから上にある左手と右手の指

第7章 古今東西で使われている算術の技術

の本数を掛け合わせる。ここでは、左手の指が2本、右手の指が3本だから、2×3＝6となる。

⑤ ③の50と④の6を足した値56が最初の掛け算の答えとなる。

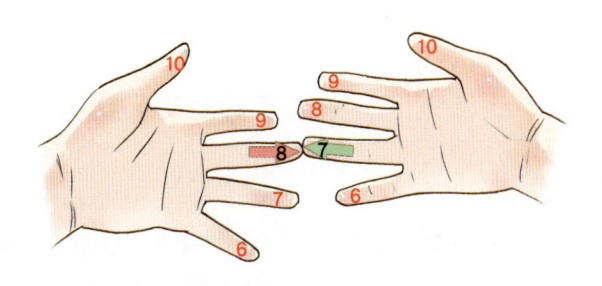

練習 7×9を両手の指で計算してみよう。

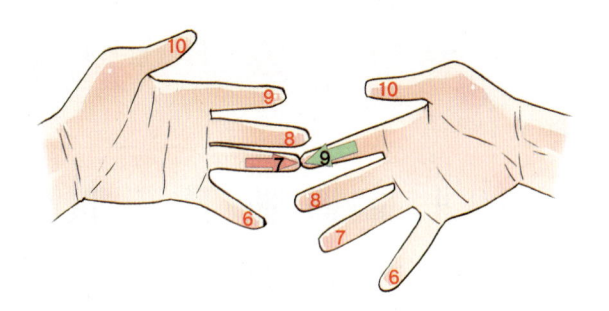

左ページの③より、(2＋4)×10＝6×10＝60

同じく④より、3×1＝3

上記の⑤より、60＋3＝63

7-4 「算木」を使った和式計算術を知る

ポイント

**「算木」は、赤と黒の2種類の棒。
縦や横に置いて計算するための道具**

江戸時代には「算木」と呼ばれる赤（プラスの数）と黒（マイナスの数）の木を縦横に並べて数を表現し、これを使って足し算、引き算、掛け算、割り算をしたり、方程式を解いたりした。

正の数（赤い算木を利用）

	0	1	2	3	4	5	6	7	8	9
縦式		|	||	|||	||||	|||||	⊥	⊤	⊥	⊥
横式		ー	＝	≡	≣	≣	⊥	⊥	⊥	≡

負の数（黒い算木を利用）

	0	−1	−2	−3	−4	−5	−6	−7	−8	−9
縦式		|	||	|||	||||	|||||	⊤	⊤	⊥	⊥
横式		ー	＝	≡	≣	≣	⊥	⊥	⊥	≡

算木を紙に書く場合は、正の数は黒で書き、負の数も黒で書くが、最後の桁に斜線を入れて負の数であることを表示した。なお、0は当初なにも書かなかったが、そのうちに、0であることを明示するために○と書くようになったという。

	0	−1	−2	−3	−4	−5	−6	−7	−8	−9
縦式	〇	丨	丨丨	丨丨丨	丨丨丨丨	丅	丅丨	丅丨丨	丅丨丨丨	丅丨丨丨丨

(例1) 14＋7の計算を算木で試みる。

① 足される数14と足す数7を算盤に算木で表す(図1)。
② 足す数のもっとも上の位、ここでは1桁だから一の位から計算を始める(図2)。
③ 一の位は4本と7本で11本になるので、繰り上がりが生じる。10本は束にして、十の位に1本となって加えられる。よって、答えは21となる(図3)。

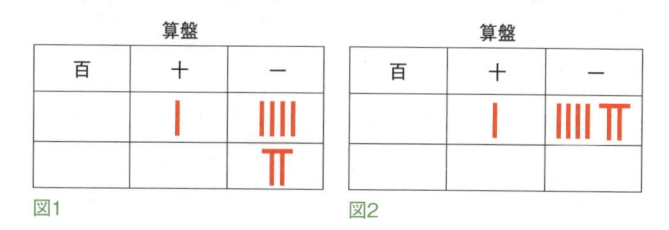

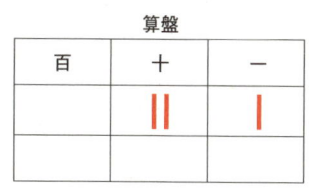

図1

図2

図3

(例2) 34×62の計算を算木で試みる。

① 掛けられる数（被乗数）34と、掛ける数（乗数）62を算盤に算木で表す。

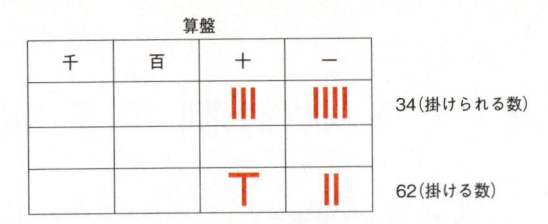

算盤

千	百	十	一
		Ⅲ	ⅢⅠ
		丅	Ⅱ

34（掛けられる数）

62（掛ける数）

② 掛けられる数の最高位の位に、掛ける数の最下位の位を合わせる。

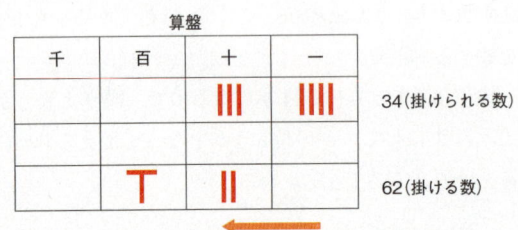

算盤

千	百	十	一
		Ⅲ	ⅢⅠ
	丅	Ⅱ	

34（掛けられる数）

62（掛ける数）

⬅

③ 掛ける数62の最高位の数6と、掛けられる数34の最高位の数3を掛ける。

算盤

千	百	十	一
		Ⅲ	ⅢⅠ
Ⅰ	Ⅲ		
	丅	Ⅱ	

③4

(6×3=)18

6②

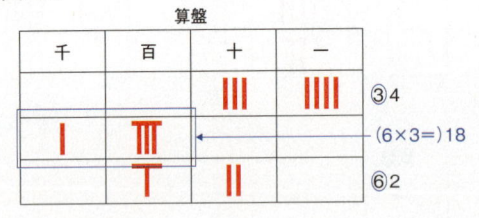

④ 掛ける数62の最高位の次の数2と、掛けられる数34の最高位の数3を掛ける。

算盤

千	百	十	一
		Ⅲ	ⅢⅠ
Ⅰ	Ⅲ	丅	
	丅	Ⅱ	

③4

(2×3=)6

6②

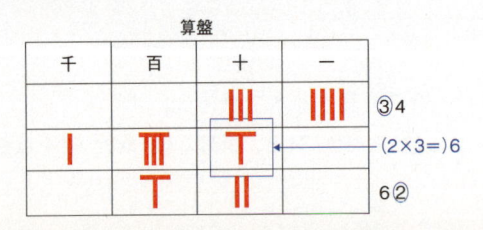

第7章 古今東西で使われている算術の技術

⑤ 掛けられる数34の最高位の次の位に、掛ける数62の最下位の位を合わせる。

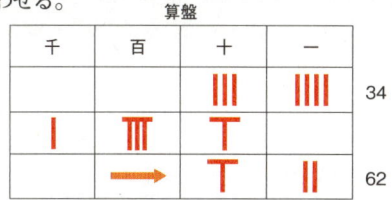

算盤

千	百	十	一
		𝍪	𝍫	34
𝍠	𝍣	𝍷	
		𝍷	𝍢	62

⑥ 掛ける数62の最高位の数6と、掛けられる数34の最高位の次の数4を掛ける。計算結果の24を下のように配置する。

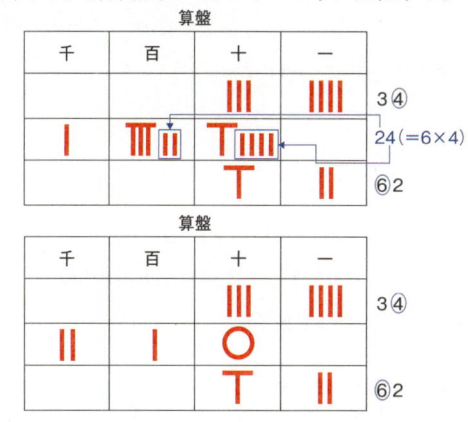

算盤

千	百	十	一
		𝍪	𝍫	3④
𝍠	𝍣𝍢	𝍷𝍫		24(=6×4)
		𝍷	𝍢	⑥2

算盤

千	百	十	一
		𝍪	𝍫	3④
𝍢	𝍠	〇	
		𝍷	𝍢	⑥2

⑦ 最後に掛ける数62の2と、掛けられる数34の4を掛け、中段の一の位に入れる。中段の数2108が求める答えである。

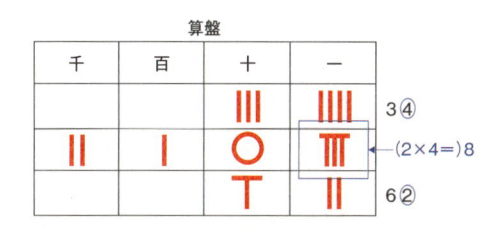

算盤

千	百	十	一
		𝍪	𝍫	3④
𝍢	𝍠	〇	𝍯	←(2×4=)8
		𝍷	𝍢	6②

7-5 「割り算九九」を知る

ポイント

算盤(そろばん)で割り算をするとき、
割り声(割り算九九)を利用する

$$10 \div 2 = 5 \quad \cdots\cdots \text{二一天作五}$$
(にいちてんさくのご)

割り算をするときは、計算のウラで九九(掛け算九九)を用いて行っている。つまり、割り算といいつつ、実際には、次のように掛け算を利用しているのだ。

$56 \div 8 = 7 \, (8 \times 7 = 56$ を利用)

ところが昔は「割り声」、つまり「割り算九九」を利用して割り算をやっていた。そこで12÷2を割り声を利用して計算してみる。

① まずは、算盤に12を置く。

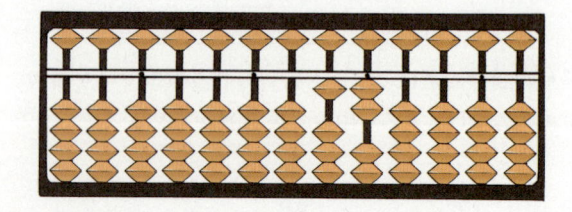

② 割られる数12の十の位が10で、割る数が2だから、「二一天作五(にいちてんさくのご)」と声を出し、1を5にして元の1を払う。「割り算九九」(次ページ参照)の二の段を見てほしい。「二一天作五」は「1(= 10)を2で割ると5が立つ」という意味だ。

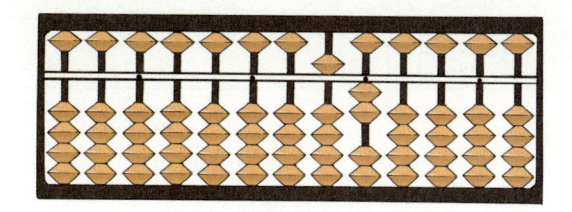

③ 割られる数の12の残り2を見て「二進一十」(にしんがいんじゅう)と声を出し、2を払って10を入れる。すると、答えが6となる。

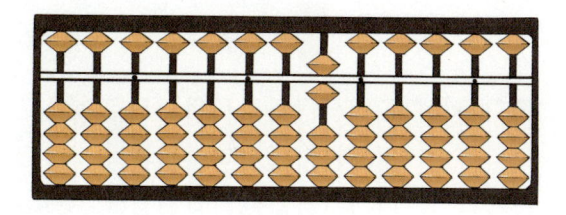

参考

「割り算九九」の一部。

二の段	10÷2=5	二一天作五	にいちてんさくのご
	20÷2=10	二進一十	にしんがいんじゅう(にしんがいっしん)
三の段	10÷3=3…1	三一三十一	さんいちさんじゅうのいち
	20÷3=6…2	三二六十二	さにろくじゅうのに

	20÷9=2…2	九二加下二	くにかかに
	30÷9=3…3	九三加下三	くさんかかさん
	40÷9=4…4	九四加下四	くしかかし
九の段	50÷9=5…5	九五加下五	くごかかご
	60÷9=6…6	九六加下六	くろくかかろく
	70÷9=7…7	九七加下七	くちかかち
	80÷9=8…8	九八加下八	くはちかかはち
	90÷9=10	九進一十	きゅうしんがいんじゅう(きゅうしんがいっしん)

7-6 ガウスの天才的計算術を身に付ける

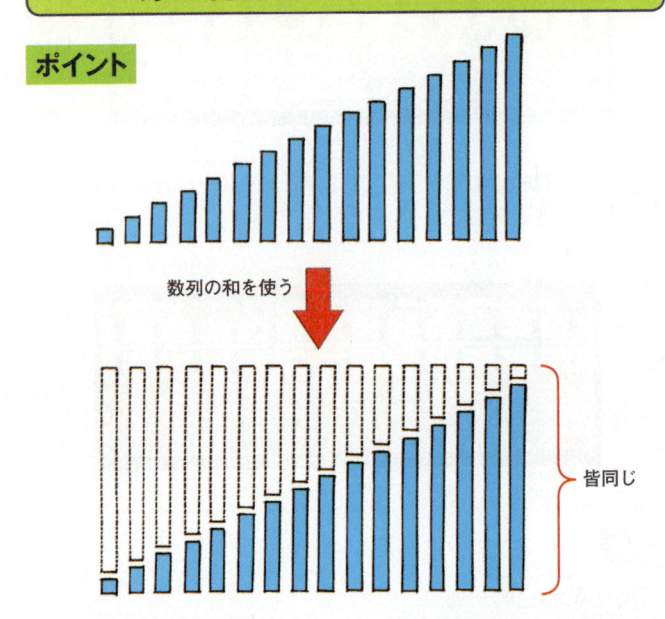

ポイント

数列の和を使う

皆同じ

　この方法は一定量増えたり減ったりする数列の和を求めるときによく使われる計算法(速算術)だ。18世紀のドイツの天才的数学者・物理学者ガウスは、小学生のときに「1＋2＋3＋……＋99＋100を計算せよ」という課題に対して、逆に並べ直した100＋99＋98＋……＋3＋2＋1をもう1つ加えて答えを出したという。つまり、上下を足すとどれも「101」になり、それが100個あるから

```
    1  +  2  +  3  ……  98 +  99 + 100
+) 100 + 99 + 98  ……   3 +  2  +  1
   ─────────────────────────────────
   101 + 101 + 101 …… 101 + 101 + 101
```

$101 \times 100 = 10100$ になる。ただし、求めるものはこの半分だから2で割って「5050」と計算したのである。この原理は1から100までの和に限らない。一定量ずつ増える数の総和をアッという間に求めることができる。

練習 次の計算をしなさい。

(1) $2+4+6+8+10+12+14+16+18+20$

```
  2 + 4 + 6 + 8 +10+12+14+16+18+20
+)20+18+16+14+12+10+ 8+ 6+ 4+ 2
 ─────────────────────────────────
 22+22+22+22+22+22+22+22+22+22
```

よって、求める答えは $22 \times 10 \div 2 = 110$

(2) $-9-6-3+3+6+9+12+15+18+21$

```
 -9 - 6 - 3 + 0 + 3 + 6 + 9 +12+15+18+21
+)21+18+15+12+ 9+ 6+ 3+ 0- 3- 6- 9
 ──────────────────────────────────────
 12+12+12+12+12+12+12+12+12+12+12
```

よって、求める答えは $12 \times 11 \div 2 = 66$

なお、上記の計算を、問題に書いていない「0」を挿入しないで処理すると、うまくいかないので注意しよう。

7-7 ズラして差を取る

ポイント

一定の数を掛けて得られる数列の総和は
ズラして差を取る

$$S = \boxed{a} + ar + ar^2 + ar^3 + \cdots\cdots + ar^{n-1}$$
$$-)\quad rS = ar + ar^2 + ar^3 + ar^4 + \cdots\cdots + \boxed{ar^n}$$
$$(1-r)S = a(1-r^n)$$

　ある数に一定の数をドンドン掛けたものを次々に足していく計算に遭遇することがある。たとえば、銀行にお金を預ける(借りる)ときの**複利計算**がそうである。

　この種の計算は「**ズラして差を取る**」テクニックを使うと簡単である。たとえば、1からスタートして次々に2を掛けて得られる数列の総和を例にして調べてみよう。

$$S = 1 + 2 + 2^2 + \cdots\cdots + 2^{99} + 2^{100} \cdots\cdots ①$$

　この①の両辺に2を掛けると、$2^\square$の項が上下ズレた位置に現れる。

$$S = 1 + 2\ \ + 2^2 + \ \cdots\cdots\ + 2^{99}\ \ + 2^{100} \cdots\cdots ①$$
$$2S = 2 + 2^2 + 2^3 + \ \cdots\cdots\ + 2^{100} + 2^{101} \cdots\cdots ②$$

②から①を辺々、それぞれを引くと、次の式が得られる。
$S = 2^{101} - 1$ ……③

練習 次の計算をしなさい。

(1) $1+3+9+27+81+243$

$$
\begin{array}{r}
S = 1 + 3 + 9 + 27 + 81 + 243 \\
-)\ 3S = 3 + 9 + 27 + 81 + 243 + 729 \\
\hline
-2S = 1 - 729
\end{array}
$$

よって、$2S = 728$ より求める答は、364

(2) $3 + 1 + \dfrac{1}{3} + \dfrac{1}{9} + \dfrac{1}{27} + \dfrac{1}{81} + \dfrac{1}{243}$

$$
\begin{array}{r}
S = 3 + 1 + \dfrac{1}{3} + \dfrac{1}{9} + \dfrac{1}{27} + \dfrac{1}{81} + \dfrac{1}{243} \\
-)\ \dfrac{1}{3}S = 1 + \dfrac{1}{3} + \dfrac{1}{9} + \dfrac{1}{27} + \dfrac{1}{81} + \dfrac{1}{243} + \dfrac{1}{729} \\
\hline
\dfrac{2}{3}S = 3 - \dfrac{1}{729} \left(= \dfrac{729 \times 3 - 1}{729} = \dfrac{2186}{729} \right)
\end{array}
$$

よって、$\dfrac{2}{3}S = \dfrac{2186}{729}$ より、求める答えは、$S = \dfrac{1093}{243}$

7-6 の計算は「等差数列の和」と呼ばれ、本節の計算は「等比数列の和」と呼ばれている。

第8章

日常生活で使える変換の技術

「結婚記念日は何曜日だったか？」は、計算で求められる。「取引先のA社は明治5年の創業。西暦だと何年？」は、明治から西暦への変換公式を知っていればすぐにわかる。ほかにも「回転寿司で待たされているけど、あと何分くらいかかりそうか？」など、こんなそんなの計算がすぐにできる速算知識を集めてみた。

8-1 元号を西暦に高速変換する

ポイント

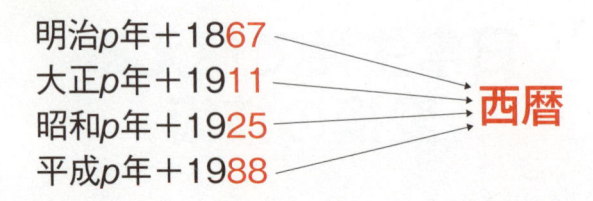

明治p年＋18**67**
大正p年＋19**11**
昭和p年＋19**25**
平成p年＋19**88**

→ **西暦**

　ふだん西暦を使っている人も、役所などでは昭和や平成などの元号が使われているので「変換」を要求される。この変換は、上記パターンを覚えておけば一瞬にしてできる。特に、現在生きている人の多くは昭和生まれ、平成生まれなので「昭和にgo(ニゴー)」「平成の母(ハハ)」などと、語呂合わせで覚えておくとよい。なお、明治だけ「18**67**」と、上2桁が18であることに気を付けよう。

練習　次の年（元号）を西暦に変換しなさい。

(1) 明治32年は？　　　　32＋1867＝1899
(2) 大正 7年は？　　　　7＋1911＝1918
(3) 昭和48年は？　　　　48＋1925＝1973
(4) 平成 7年は？　　　　7＋1988＝1995
(5) 明治43年は？　　　　43＋1867＝1910
(6) 平成21年は？　　　　21＋1988＝2009

8-2 西暦を元号に高速変換する

ポイント

明治1867、大正1911、昭和1925、平成1988
(1988＋1)以上なら1988を引け　　→　　平成
(1925＋1)以上なら1925を引け　　→　　昭和
(1911＋1)以上なら1911を引け　　→　　大正
(1911＋1)未満なら1867を引け　　→　　明治

「西暦を元号に変える」には、**8-1**の「元号→西暦」計算と逆の計算をすればいい。**8-1**では明治、大正、昭和、平成によって加える数値を1867、1911、1925、1988と変えたので、ここでは逆に操作して引けばよい。ただし、1を加えた数値で分類するので注意しよう。

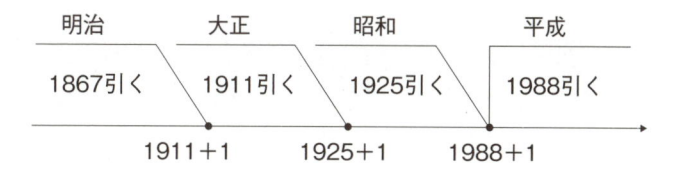

明治	大正	昭和	平成
1867引く	1911引く	1925引く	1988引く
	1911＋1	1925＋1	1988＋1

練習　次の年（西暦）を元号に変換しなさい。

(1) 2003年　　→　　2003－1988＝15より、平成15年
(2) 1995年　　→　　1995－1988＝　7より、平成7年
(3) 1970年　　→　　1970－1925＝45より、昭和45年
(4) 1925年　　→　　1925－1911＝14より、大正14年
(5) 1875年　　→　　1875－1867＝　8より、明治8年

8-3 記念日の曜日を求める

ポイント

西暦x年m月n日の曜日を求める手順

① 西暦x年の上2桁をa、下2桁をbとする。
  ただし、1月、2月は前年の13月、14月と読み替える。

② $S = b + [b/4] + [a/4] - 2a + [13(m+1)/5] + n$
  を求める。ただし[ ]はこの中の数の整数部分を表す。

③ Sを7で割った余りをRとする。

④ 次の対応表から曜日を求める。

R	0	1	2	3	4	5	6
曜日	土	日	月	火	水	木	金

結婚記念日、子どもの誕生日、アポロが月に到着した日——それは何曜日だったかをすぐに言い当てられれば喜ばれる。それが上のツェラーの公式だ。例として「1962年5月14日」は何曜日にあたるかをこの公式で求めてみよう。

① $a = 19$、$b = 62$、$m = 5$、$n = 14$である。
② Sを求める。
$$S = 62 + \left[\frac{62}{4}\right] + \left[\frac{19}{4}\right] - 2 \times 19 + \left[\frac{13 \times (5+1)}{5}\right] + 14$$
$$= 62 + [15.5] + [4.75] - 38 + [15.6] + 14$$
$$= 62 + 15 + 4 - 38 + 15 + 14 = 72$$
③ $S = 72$を7で割ると、余りRは2
④ $R = 2$に対応する曜日は月曜日。

以上から、1962年5月14日は月曜日となる。

　この公式は、西暦1年1月1日から問題にしている日まで何日あるかを算出した<u>フェアフィールドの公式</u>をもとに、これを<u>7で割った余りに着目して</u>求めたものである。ただし、現在、世界で使われているグレゴリオ暦は、1582年10月15日を金曜日としてスタートしたので、これ以前の西暦についてはツェラーの公式は無意味である。

練習 次の西暦日の曜日を求めなさい。

(1) 2011年12月24日
$S = 11 + \left[\dfrac{11}{4}\right] + \left[\dfrac{20}{4}\right] - 2 \times 20 + \left[\dfrac{13 \times (12+1)}{5}\right] + 24$
$ = 11 + [2.75] + [5] - 40 + [33.8] + 24$
$ = 11 + 2 + 5 - 40 + 33 + 24 = 35$

$S = 35$ を7で割った余り R は0
よって、土曜日

(2) 1945年1月17日
$S = 44 + \left[\dfrac{44}{4}\right] + \left[\dfrac{19}{4}\right] - 2 \times 19 + \left[\dfrac{13 \times (13+1)}{5}\right] + 17$
$ = 44 + [11] + [4.75] - 38 + [36.4] + 17$
$ = 44 + 11 + 4 - 38 + 36 + 17 = 74$

(注) 1月なので、前年1944年の13月と読み替えた。

$S = 74$ を7で割った余り R は4
よって、水曜日

8-4 十二支が同じかどうかを速算する

> **ポイント**
>
> ### 西暦の年齢差を12で割れれば二人の十二支は同じ

年賀状の時期には決まって「来年はなに年だろう？」と十二支のことを考える。それ以外にも、たとえば「1987年生まれの人の十二支は？」というとき、どのようにすれば求められるのだろうか。

もともと十二支とは、推古天皇の12年、つまり、西暦604年を「甲子(きのえね)」と定めたことによる。従って、西暦 m 年生まれの人の十二支は、m と604の差を12で割り、その余り R に対応する下記の十二支表から求められる。

$R = (m - 604) \div 12$ の余り

R	0	1	2	3	4	5	6	7	8	9	10	11
十二支	子	丑	寅	卯	辰	巳	午	未	申	酉	戌	亥
読み	ね	うし	とら	う	たつ	み	うま	ひつじ	さる	とり	いぬ	い

たとえば1950年生まれの人は、1950 − 604 = 1346を12で割った余りが2だから、上表より「寅」年、1987年生まれなら、1987 − 604 = 1383なので、12で割って余り3だから「卯」年となる。

なお、Aさん（西暦 m 年）とBさん（西暦 n 年）とが同じ十二支かどうかは、$(m - n)$ が12できれいに割り切れるかどうかで判断できる。たとえば、1915年と2011年生まれの人は2011 − 1915 = 96が12で割れるので、同じ十二支である。

8-5 消費税の「税抜き価格」を速算する

ポイント

税抜き価格 →（税込み価格）÷（1＋消費税）

　消費税は1989年4月から導入され（3％）、1997年4月からは5％に引き上げられた。それが2014年4月からは8％になり、さらに今後は10％への引き上げが決まっている。

　さて、商店主が値段を決める場合、先に税抜き価格を決めてから税込み価格（8％なら1.08倍）を計算すると「1003円か、900円台にしたかった。もう1回計算するか」となってしまう。そこで「税込み価格を決めてから税抜き価格を計算したい」ということがある。そんなときすぐに計算する方法がわからない人も多い。

　結論からいえば「税抜き価格」の計算は以下のとおりだ。

　　（税抜き価格）＝（税込み価格）÷（1＋0.08）

　たとえば、税込み価格998円にしたかったら、998÷1.08≒924（円）でいい。このように税込み価格を決めてから簡単に「税抜き価格」を決められる。また、個人への支払いで源泉徴収が10％としたとき、「手取り」を32,700円としたい場合、名目ではいくら払えばいいかは、（手取り）＝（名目）×（1－0.1）より、次のようになる。

　　（名目）＝（手取り）÷（1－0.1）

　手取り32,700円であれば0.9で割った36,333円を経理に申告し、そこから源泉徴収してもらえばいいのだ。30,000円の名目の場合、「0.9を掛けて27,000円が手取り」というのは誰にもわかるが（掛け算）、手取りから名目を考えるのは迷いがちだ。

8-6 元金が2倍、3倍、4倍になる年数を速算する

ポイント
72、114、144の法則

72 ÷年利率(%) ≒元金2倍の年数
114÷年利率(%) ≒元金3倍の年数
144÷年利率(%) ≒元金4倍の年数

手持ちの100万円を1%の利率で預けていたら、何年で2倍になるか……そんな計算を割り算でやってのけるのが、この方法だ。年利率 r (複利)で元金 A 円を預けたとき、「72÷年利率(%)」が、元金が2倍になるまでの年数だ。同様にして、元金が3倍になる年数を概算するには「114÷年利率(%)」を、元金が4倍になる年数の場合は「144÷年利率(%)」を計算すればよい。

(例) 年利率5%の場合は、元金が2倍、3倍、4倍になる年数を上記の式を利用して計算すると次のようになる。( )内に示した正確な値と比較しても遜色はない。

2倍の年数は 72÷5=14.4年 (正確には14.21年)
3倍の年数は 114÷5=22.8年 (正確には22.5年)
4倍の年数は 144÷5=28.8年 (正確には28.4年)

練習1 年利率8%の場合、元金が2倍、3倍、4倍になるおおよその年数を、72、114、144の法則を用いて求めよ。

2倍の年数は72÷8=9年 (正確には9.01年)
3倍の年数は114÷8=14.25年 (正確には14.275年)
4倍の年数は144÷8=18年 (正確には18.01年)

練習2 年利率1%の場合、元金が2倍、3倍、4倍になるおおよその年数を、72、114、144の法則を用いて求めよ。

2倍の年数は $72 \div 1 = 72$ 年（正確には69.66年）
3倍の年数は $114 \div 1 = 114$ 年（正確には110.41年）
4倍の年数は $144 \div 1 = 144$ 年（正確には139.32年）

(注) 練習1、2の答えを見ると、72、114、144の法則は低金利のときには誤差が目立つことがわかる。

元金がn倍になる正確な年数

元金がn倍になる正確な年数を求める式を紹介しておこう。年利率rの複利計算で元金A円をN年間銀行に預けたときの元利合計は $A(1+r)^N$ となる。これが元金Aのn倍になるので、次の等式が成立する。

$$nA = A(1+r)^N$$

この式からAを消去すると、次のnとNとrの関係式が得られる。

$$n = (1+r)^N \quad \cdots\cdots ①$$

①の両辺の対数を取ってNについて解くと、

$$N = \frac{\log n}{\log(1+r)} \quad \cdots\cdots ②$$

たとえば、前ページの(例)の正確な年数14.21年は、②のnに2、rに0.05を代入して求めたものである。

> 元金が2倍、3倍、4倍になる正確な年数はlogを使った大変な計算になるんだって。でも、これらの法則を使うと簡単だね！

8-7 人の命の価格を計算する

ポイント

死亡した場合の逸失利益の概算額は、
年収×(1−生活費控除率)× $\dfrac{n}{1+0.05\times n}$
ただし、nは67−(死亡時の年齢)

交通事故で死亡した場合に支払われる、おおよその金額を試算してみることにする。交通事故で加害者に請求できる額は次の式で計算される。

請求額＝(積極損害＋消極損害＋慰謝料)×相手の過失割合

ここで、死亡した場合の損害となる消極損害について調べてみよう。これは、交通事故がなければ将来得られたであろう逸失利益のことである。

(注)積極損害とは治療費、入院費、葬祭費などである。慰謝料とは通院または入院した場合(障害慰謝料)や後遺症が残った場合(後遺症慰謝料)及び死亡した場合(死亡慰謝料)の額である。

逸失利益は次の式で計算される。

年収×(1−生活費控除率)×ライプニッツ係数 ……①

①における年収は死亡時点の年収である。生活費控除率は、死亡すると生活費がかからなくなるので、それを控除するものであり、次のように定められている。

一家の支柱：0.3〜0.4
女子(主婦、独身、幼児含む)：0.3〜0.4
男子(独身、幼児含む)：0.5

また、ライプニッツ係数は次の式で算出される。

$$\frac{1}{1+r} + \frac{1}{(1+r)^2} + \cdots\cdots + \frac{1}{(1+r)^n} = \frac{(1+r)^n - 1}{r(1+r)^n} \quad \cdots\cdots ②$$

ここで、rは法定利率で0.05、nは67から死亡時の年齢を引いた値である。このライプニッツ係数②は、被害者が生きていると仮定して、将来、いくらの収入があるのかを推定し、その総額から利息分（法定利率0.05とした複利）を差し引いて現在の金額に換算するための値である。

(注) 法定利率は低金利時代の現状に合わないので0.02〜0.03 にすべきだとの意見がある。また、複利計算のライプニッツ係数に対して、単利計算の考え方で導き出されたのがホフマン係数である。一般にライプニッツ係数のほうがホフマン係数より小さい。

それでは、ここで、55歳の人（年収600万円）が交通事故で死亡した場合の逸失利益を概算してみよう。②は指数を使った大変な計算なので、②の近似式③を利用する。

$$\frac{(1+r)^n - 1}{r(1+r)^n} \fallingdotseq \frac{(1+rn) - 1}{r(1+rn)} = \frac{n}{1+rn} \quad \cdots\cdots ③$$

$r = 0.05$、$n = 67 - 55 = 12$、生活費控除率を0.3として計算すると、

$$\text{逸失利益} = 600 \times (1 - 0.3) \times \frac{12}{1 + 0.05 \times 12}$$
$$= 600 \times 0.7 \times 7.5 = 3150 万円$$

(注) ②による正確なライプニッツ係数の値は8.8633である。

死亡慰謝料の目安は2000〜3000万円なので、その人の命の値段は高く見積もっても6000万円くらいである。人の命は、地球より重いはずだが……。

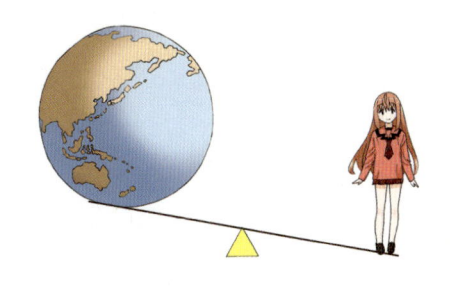

8-8 リーグ戦の試合数を速算する

ポイント

$$試合数 = \frac{n(n-1)}{2} \quad (nはチーム数)$$

チーム数がnのときのリーグ戦の試合数は$\frac{n(n-1)}{2}$である。このことは、たとえば、$n=5$の場合を調べてみればわかる。チーム名をA、B、C、D、Eとして総当たりの表を書くと、下のようになる。全部で5^2の対戦があるが、自分自身と戦うことはないので5を引く。また、(A、B) と (B、A) は同じ対戦なので、その後2で割ることになる。つまり$\frac{(25-5)}{2}$。これを一般化すると$\frac{(n^2-n)}{2} = \frac{n(n-1)}{2}$となる。この式をもとに、チーム数が変化したときの試合数をグラフ化してみると下のようになる。

総当たりは公平だが、チーム数が多いときには避けたいものだ。

	A	B	C	D	E
A	(A、A)	(A、B)	(A、C)	(A、D)	(A、E)
B	(B、A)	(B、B)	(B、C)	(B、D)	(B、E)
C	(C、A)	(C、B)	(C、C)	(C、D)	(C、E)
D	(D、A)	(D、B)	(D、C)	(D、D)	(D、E)
E	(E、A)	(E、B)	(E、C)	(E、D)	(E、E)

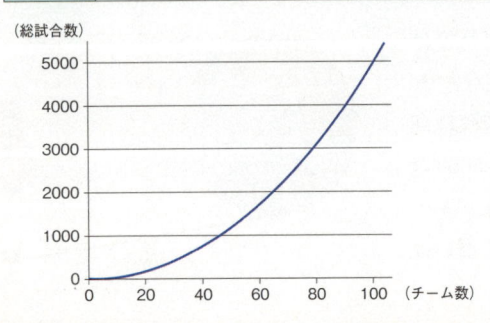

第8章 日常生活で使える変換の技術

8-9 トーナメント戦の試合数を速算する

ポイント

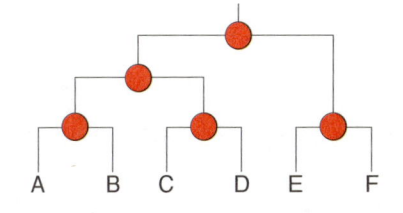

試合数＝$n-1$
（nはチーム数）

　たとえば上図のようにチーム数が6のときを考えてみよう。トーナメント戦では1試合ごとに1チームが消えていく。従って、チーム数が6の場合は、1つ少ない5試合を行えば5チームが消えていき、残った1チームが優勝となる。
　チーム数がnのときも考え方は同様である。$(n-1)$試合を行えば$(n-1)$チームが消えて、優勝する1チームが決まることになる。
　この考え方はどんな複雑なトーナメント戦でも当然成り立つ。右図は16チームのトーナメント戦だが、試合数（赤丸の数）は15となっている。もちろんシードがあっても「チーム数－1」である。

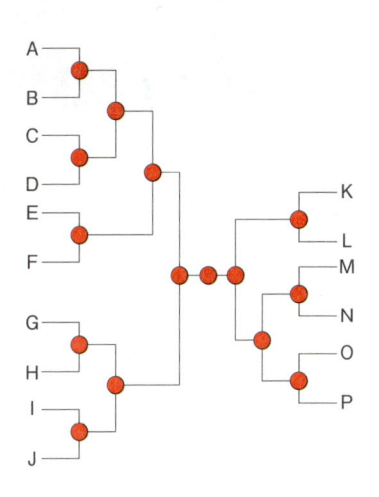

8-10 長い行列の待ち時間を速算する

ポイント

待ち時間は前と後ろの人数でわかる

飲食店やイベント会場などで待たされることはめずらしくない。「あとどのくらい待たされるのだろうか？」これがわかれば我慢もできるし、諦めもする。こういうとき、待ち時間 W を簡単に算出できるのが次の「リトルの公式」である。

$$W = \frac{L}{\lambda} \quad \cdots\cdots リトルの公式$$

ただし、L は自分の前に並んでいる人の数
λ（ラムダ）は1分間に自分の後ろに並んだ人の数

たとえば、自分の前に、おおよそ300人が並んでいたとする。自分が並んで1分たったら、後ろに新たに6人が並んだ。するとリトルの公式から、約50分間待つことになる。

$$W = \frac{L}{\lambda} = \frac{300 (人)}{6 (人/分)} = 50 分$$

(注) λ は1分間に自分の後ろに並んだ人の数なので、単位は人/分。従って、W の単位は分となる。もし λ が1時間に並んだ人数ならば、W の単位は時間となる。なお、リトルは人の名前である。

8-11 「東京ドーム1杯分」で速算する

ポイント

東京ドーム
- 建築面積は約216m×216m
- 建築容積は約108m×108m×108m

「東京ドームの3杯分の土砂が崩れ落ちた」「東京ドームの2倍分の池で鱒を養殖している」などと新聞やテレビでよく表現されるが、わかったようでわからない数字だ。そんなときは、下図をイメージするとよいだろう。なお、甲子園球場は39600m²である。

ちなみに、サッカーコートの大きさは7140m²（2160坪）、テニスコート（硬式）の大きさ（白線内）は260m²（約80坪）である。

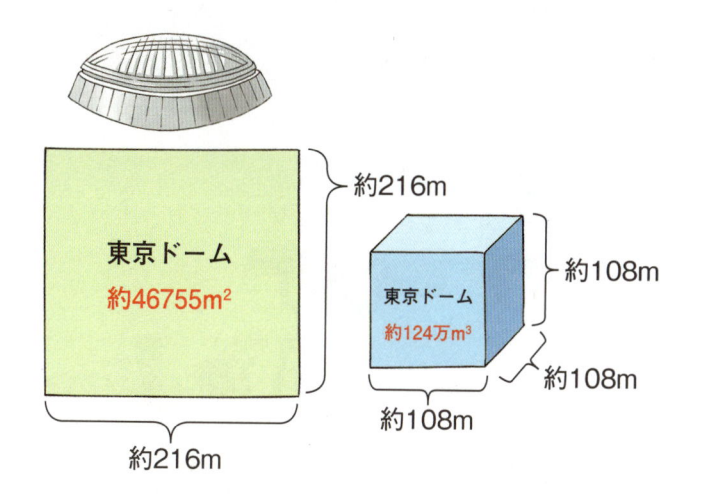

東京ドーム 約46755m² （約216m×約216m）

東京ドーム 約124万m³ （約108m×約108m×約108m）

8-12 「ダンプ1杯分」で速算する

ポイント

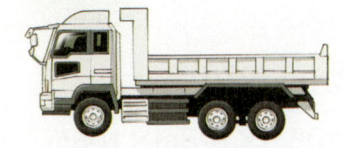

大型：最大積載量10トン程度
中型：最大積載量5〜8トン程度
小型：最大積載量2〜4トン程度

　日本ではふつうのダンプトラックの最大積載量は11トンまでと定められている。一般道路ではさまざまなタイプのダンプに遭遇するが、**よく見かける大型のものは10トン程度**である。従って、水の重さに換算すると、$1m^3$の容器（縦・横・高さ1m）に入った水が10杯分ということになる。このことから、たとえば「ダンプ5杯分の土砂」といわれると、ある程度の想像がつく。

　なお、土砂と水では比重が違うので注意。水が1に対して、土砂の比重は1.2〜2.0ぐらいである。

大型ダンプで$1m^3$の水が10杯分

8-13 「駅まで徒歩〜分」の距離を速算する

ポイント

80m/分で計算する

不動産の広告を見ていると、最寄り駅から物件までの距離が「〜駅から徒歩20分」などと書かれている。「20分」といわれても、老若男女によって徒歩20分で歩ける距離はまちまち。そこで、不動産業界では「人は1分で80m歩く」という表示規約を設けたのである。従って、駅まで徒歩20分とは、その物件が駅から約80×20＝1600m離れていることを意味している。

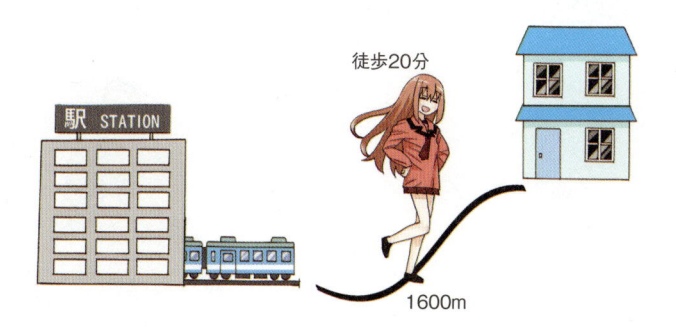

なお、不動産の表示に関する公正競争規約施行規則の「各種施設までの距離又は所要時間」には、「徒歩による所要時間は、道路距離80メートルにつき1分間を要するものとして算出した数値を表示すること。この場合において、1分未満の端数が生じたときは、1分として算出すること」(第5章第1節(10))と書かれている。

8-14 「身体尺」で速算する

ポイント

1インチ≒2.5cm …… 成人男性の親指の幅
1フット≒30cm …… 成人男性の足の長さ
1ヤード≒90cm …… 成人男性の鼻の先から伸ばした
手の親指までの距離

　インチ、フット、ヤードは、もともとは身体尺（人の体のサイズに基づく単位）なので、概数を身体と結び付けて覚えておくと便利である。

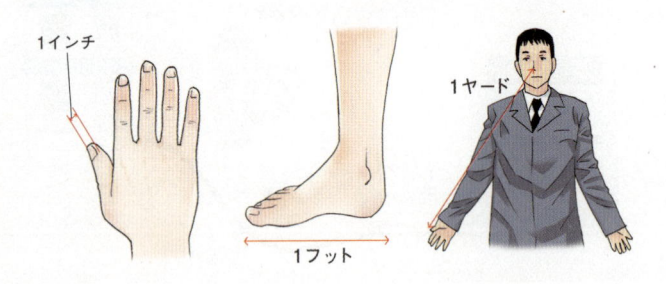

　なお、より正確な値は1インチ＝2.54cm、1フット＝30.48cm、1ヤード＝3フィート＝91.44cmである。

(注) フット (foot) の複数がフィート (feet) である。

8-15 「1尋」の長さで速算する

ポイント

$$1尋 ≒ 身長$$

1尋とは、両手をいっぱいに広げたときの長さを意味する。現在ではあまり使われていないが、1尋はほぼ身長に等しいことを知っていると、日常生活でモノの計測に便利である。なぜならば、自分の身長はほとんどの人が知っているからである。

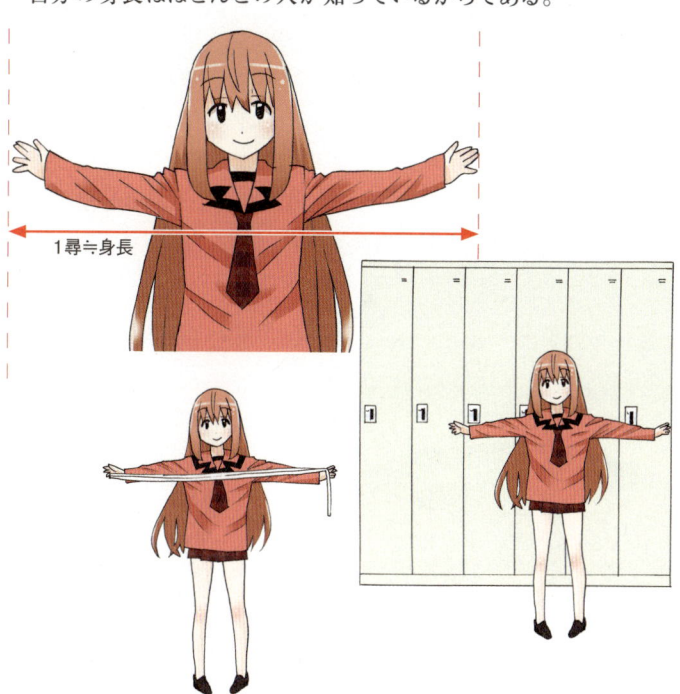

1尋≒身長

8-16 「最大指幅」で速算する

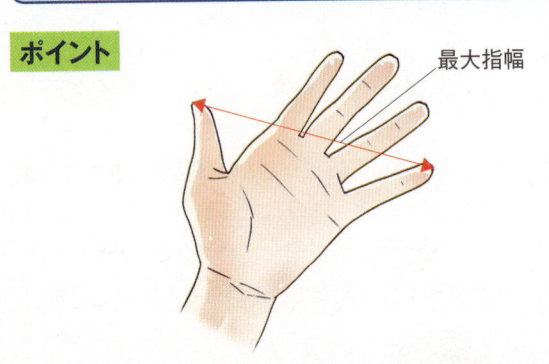

ポイント

最大指幅

買い物をすると、ちょっと品物の大きさを知りたくなることがある。しかし、必ずしも寸法が表示されているとは限らない。そんなとき、自分の親指から小指まで（ふだん、親指から人差し指までを使っている人はそれでもよい）の幅を知っていると便利である。これをもとに寸法の概数を簡単に知ることができる。

> 私の最大指幅は15cmだから、この魚はおおよそ……
> え～と……

第8章 日常生活で使える変換の技術

8-17 ビルの高さを速算する

ポイント

14〜15階建てのマンションの高さは3〜3.2m×階数
超高層マンションの高さは3.5m×階数

　地上で100mの距離を目測するのは容易ではない。高さを実感するのはそれ以上に大変である。

　高さを表現するのによく使われるのが身近にあるマンションだ。「その丘の高さは15階建てのマンションに匹敵」というように。しかし、実際に調べてみるとマンションの高さはまちまちで、1つの数値でいい表すのは難しい。

　そこで、14〜15階建てのマンションに着目しよう。このようなマンションは45m以内という高さ制限のもとでつくられたものが多く、1階ごとの高さは3〜3.2mぐらいとなる。また、超高層マンションは1階ごとの高さがこれより高くなる傾向がある。すると、超高層マンションの場合は1階あたりの高さを3.5m前後とすれば、その高さの概数が求められることになる。

209.4m(日本で最も高いマンション)
(注)2015年3月時点。
54階
北浜タワー
2009年3月竣工
(大阪市)

3.5×54＝189mね……

8-18 地球の大きさで大きな量を速算する

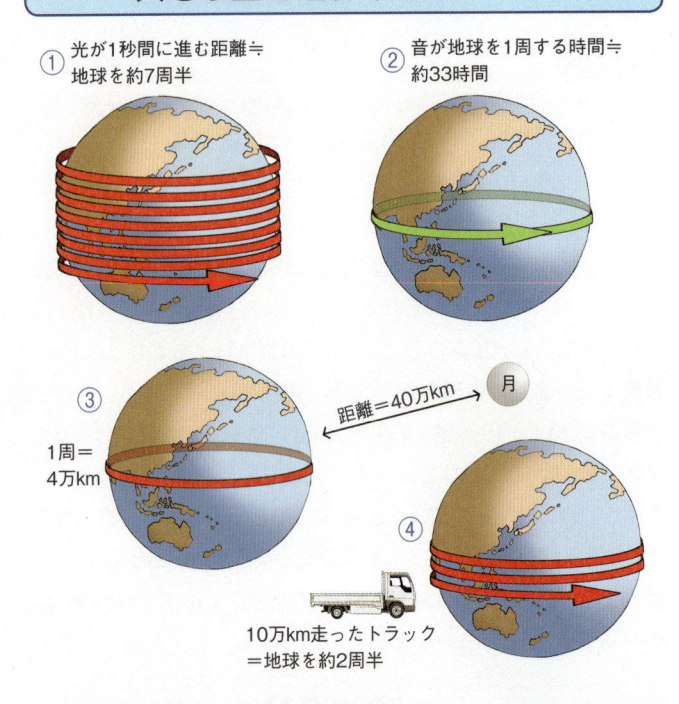

① 光が1秒間に進む距離≒地球を約7周半

② 音が地球を1周する時間≒約33時間

③ 1周＝4万km

距離＝40万km　月

④ 10万km走ったトラック＝地球を約2周半

　光や電波の速度は秒速約30万kmだが、この数値から光の速さを実感できる人は少ないだろう。このとき、「光は1秒間に地球を約7周半する」といわれると多少は実感が湧くだろう①。

　音速は秒速約340mである。340mと1秒はいずれも実感があるので、音の速さはわかりやすい。すると、光は音の速さの約100万倍である。比較にならないほど光は音に比べて速い。この違いは雷の稲妻と雷鳴の到達時間の差に現れるが、両者の違いはまだピンとこないかもしれない。

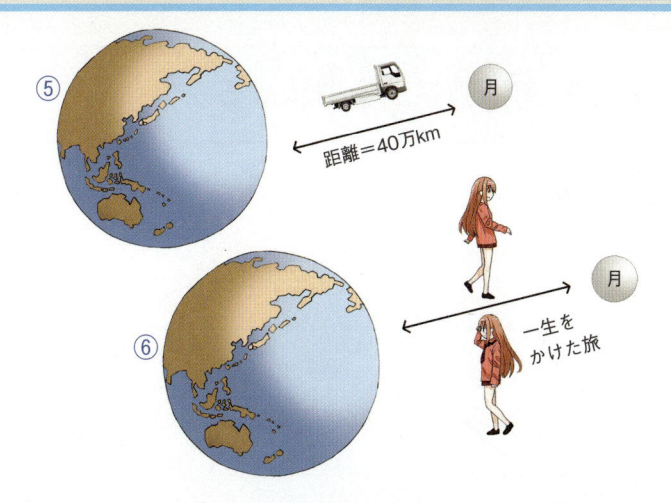

第8章 日常生活で使える変換の技術

　そこで、音が地球を1周する時間を調べてみた。これは約33時間である②。なんと1日半もかかることになる。光は$\frac{1}{7}$秒ほどで地球を1周するわけだから、速さの違いが実感できる。

　次に自動車の走行距離について調べてみよう。乗用車に乗っていると、走行距離が10万kmになることは、ごくあたり前である。丁寧に乗ると、20万kmを超えることもめずらしくない。中には30万kmを超えて40万km近くも走った車もあると聞く。しかし、この数値だけ見ても、どれだけ走ったかの実感がない。そこで、地球の大きさや月との距離を例えにして考えてみる。地球を1周すると約4万kmであるから③、10万km走るということは地球を2周半することである④。また、40万km走るということは、地球から月に行き着くことだ⑤。なんとも凄い。

　さらに凄いことがある。毎日40kmを歩く旅人は、50年間で73万km歩くことになる。ほぼ月まで行って帰ってくるのに近い⑥。このように、大きな量は地球や月と比べることによって実感が湧くので、ほかのことでも試してみるとよい。

8-19 高地の気温を速算する

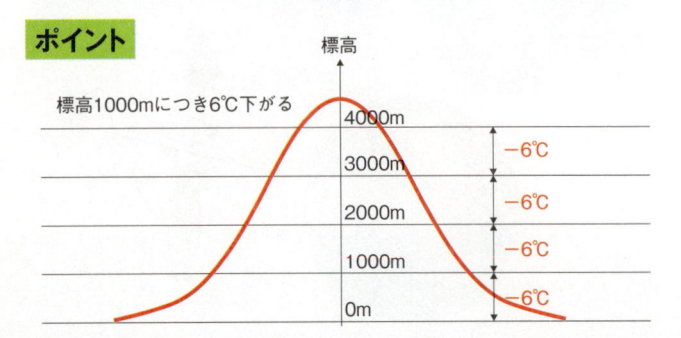

ポイント

標高1000mにつき6℃下がる

標高が高くなれば気温は下がる。その割合は空気の湿度によっても変化するが、だいたい1000mにつき6℃下がるといわれている。従って、100mにつき0.6℃となる。これらのことを使えば、xmの高度における気温の下げ幅y℃は、次の比例式から求められる。 (注)乾燥した空気なら100mでほぼ1℃下がる。

$$1000:6 = x:y$$

比例式においては、内項の積と外項の積は等しいので、

$$1000y = 6x \quad よって、y = \frac{6}{1000}x$$

このことから、xがわかれば、yが求められることになる。

アウトドアでは気温は高度だけでなく風の影響も受ける。暑いときに風に当たると涼しく感じ、寒いときにはより寒く感じる。このように体に感じる気温(体感温度)は、風によって実際の気

温よりも低く感じられる。これは、風に当たることによって、体温で温められている空気の層が吹き飛ばされて体温が失われるからである。

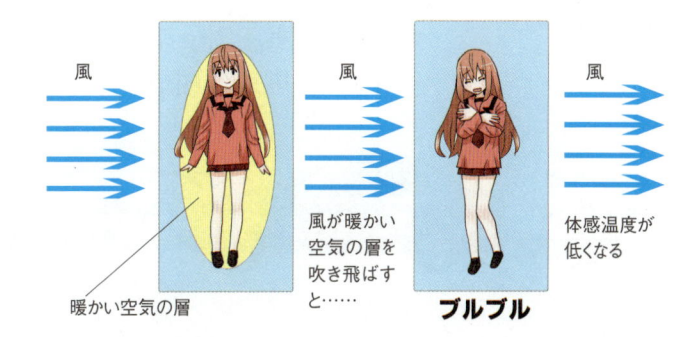

風　暖かい空気の層

風　風が暖かい空気の層を吹き飛ばすと……

ブルブル

風　体感温度が低くなる

　実際には、風速が1m/s増すと体感温度は1℃下がるといわれている。20m/sの風のもとでは、体感温度は気温より20℃も下がることになる。一般には次のようになる。

「風速がvm/s増すと、体感温度はv℃下がる」

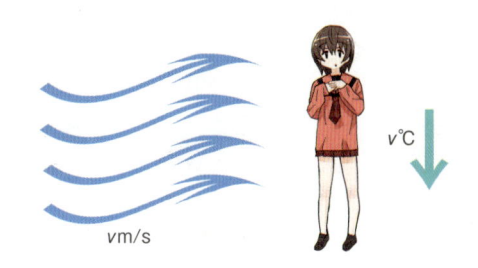

vm/s

v℃

(注)風速と体感温度の低下が、上記のようにいつでも比例関係にあるわけではない。厳密には「風速が0〜15m/sの範囲では、平均すると風速が1m/s増すごとに体感温度はほぼ1℃下がる」ということになる。なお、体感温度を算出する有名な式に、湿度(%)に着目したミスナールの式、風速に着目したリンケの式がある。

8-20 マイカーのCO₂排出量を速算する

ポイント

ガソリン車2.3kg/L
ディーゼル車2.6kg/L

CO₂排出

ガソリン車の場合、ガソリン1LあたりのCO$_2$排出量は約2.3kg、ディーゼル車の場合は約2.6kgになる。このことから、マイカーで通勤したときの二酸化炭素の排出量がわかる。たとえば、1往復100kmの道のりを、1Lあたり10km走るガソリン車で通勤すると10L使うので、CO$_2$の排出量は2.3kg×10＝23kgとなる。1年も通勤に使えば、250日通ったとして23kg×250＝5750kgにもなる。つまり、約6トン。なんと凄い量だろう。驚きではないか。

燃費10km/L

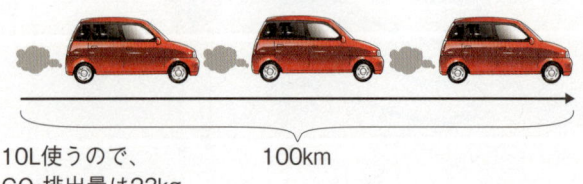

10L使うので、
CO₂排出量は23kg
100km

ちなみに、人間は1人あたり、1日につき1kgの二酸化炭素を排出している。

8-21 手の指で二進数を十進数に高速変換する

ポイント

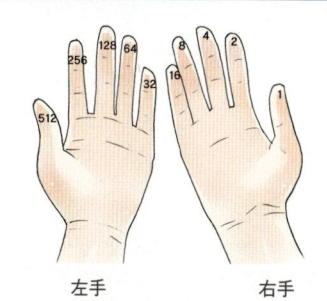

左手　　　右手

　二進数表示が十進数ではどんな数を表しているかは、手の指を使えばすぐわかる。二進数の1011（二）を用いて説明しよう。なお、1011（二）の（二）は二進表示であることを、11（十）の（十）は十進数表示であることを表している。以下、n進数で表された数を$a(n)$と書くことにする。このときのnは漢数字で記載する。

① 上図のように右手の親指から左手の親指までに$1 (= 2^0)$、$2 (= 2^1)$、$4 (= 2^2)$、……、$512 (= 2^9)$の数字を書いておく。
② 1011（二）は01011（二）と同じだから、この数と指を次ページ上の左図のように対応させる。
③ 0に対応した指を次ページ上の右図のように内側に折る。
④ 折っていない指に書かれた数、つまり、8、2、1を足す。

　　　8＋2＋1＝11（十）

　この11が1011（二）の十進数表示となる。

01011

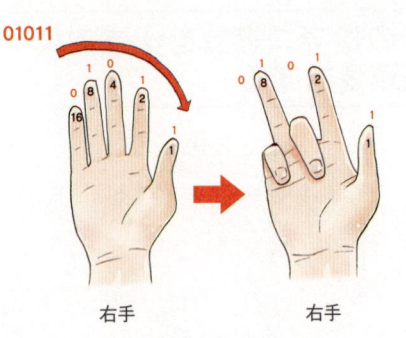

右手　　　　　右手

練習 次の各数の十進数表示を求めよ。

(1) 11101 (二)

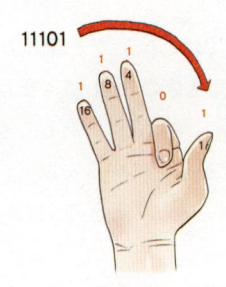

右手

図より 16+8+4+1 = 29 (十) となる。

(2) 101101 (二)

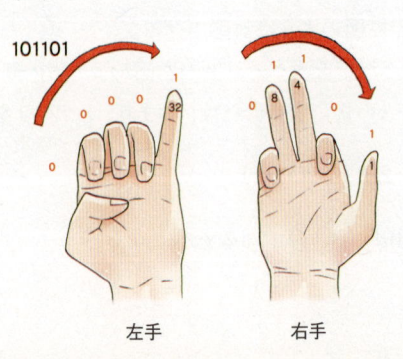

左手　　　　　右手

図より 32＋8＋4＋1＝45（十）となる。

(3) 1100101101（二）

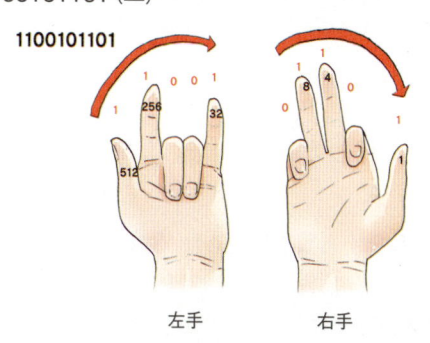

上図より 512＋256＋32＋8＋4＋1＝813（十）となる。

二進数とは？

たとえば、二進数表示の1101の意味は次のとおりだ。

$$1101（二）＝1×2^3＋1×2^2＋0×2^1＋1×2^0 \quad \cdots\cdots ①$$

これは、$2^3(=8)$が1個、$2^2(=4)$が1個、$2^1(=2)$が0個、$2^0(=1)$が1個の量であることを表している。そのため十進数では、

$$8＋4＋0＋1＝13（十）\quad \cdots\cdots ②$$

を表すことになる。ほかも同様である。

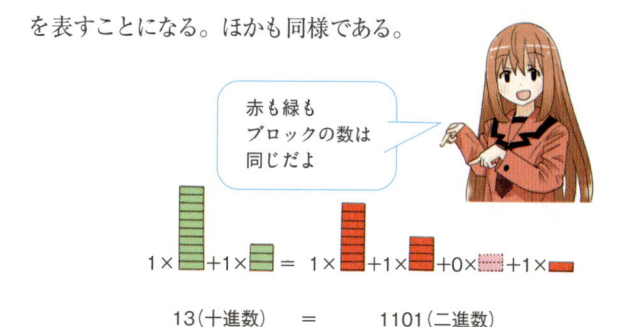

赤も緑も
ブロックの数は
同じだよ

1×▮＋1×▮ ＝ 1×▮＋1×▮＋0×▮＋1×▮

13（十進数） ＝ 1101（二進数）

8-22 十進数をn進数に高速変換する

ポイント

nでドンドン割って、余りを求める

前節では二進数を十進数に変換した。ここでは、十進数を二進数などに変換してみよう。例として「十進数の14→二進数」に直してみる。ほかの場合も同様に直すことができる。

まず、14を2で割った商7と余り0を次のように書く。

$$\begin{array}{r}2)\underline{14}\\7\cdots\cdots 0\end{array}$$

さらに、求めた商7を2で割った商3と余り1を次のように書く。

$$\begin{array}{r}2)\underline{14}\\2)\underline{7}\cdots\cdots 0\\3\cdots\cdots 1\end{array}$$

この割り算を、商が1(二進数に直すから$2-1=1$の1である。n進数に直すなら$(n-1)$である)以下になるまで繰り返す。

$$\begin{array}{r}2)\underline{14}\\2)\underline{7}\cdots\cdots 0\\2)\underline{3}\cdots\cdots 1\\1\cdots\cdots 1\end{array}$$

最後に、次ページの図の矢印の順序で数値を書き出した1110が、14を二進数で表示したものである。

第8章 日常生活で使える変換の技術

```
2) 14
2)  7 ……0
2)  3 ……1
    1 ……1
```

練習 次の十進数を（ ）のn進数に書き換えなさい。

(1) 43 → (二)　　　　　…… 43(十) = 101011(二)

```
2) 43
2) 21 ……1
2) 10 ……1
2)  5 ……0
2)  2 ……1
    1 ……0
```

> 二進数なので0、1の2つの数字しか使えない……

(2) 4352 → (五)　　　　　…… 4352(十) = 114402(五)

```
5) 4352
5)  870 ……2
5)  174 ……0
5)   34 ……4
5)    6 ……4
      1 ……1
```

> 五進数なので0、1、2、3、4の5つの数字が使える

(3) 543 → (七)　　　　　……543(十)=1404(七)

```
7 ) 543
7 )  77  ……4
7 )  11  ……0
      1  ……4
```

> 七進数なので0、1、2、3、4、5、6の7つの数字が使える

(4) 769852(十) → (十六)

```
16) 769852
16)  48115  ……12
16)   3007  …… 3
16)    187  ……15
        11  ……11
```

> 十六進数で12、15、11って？どう書けばいいのかしら

よって、求める答えは(11)(11)(15)3(12)としたいが、1つの位の数を2桁以上の数で表現すると混乱する。そこで十六進法の場合は、0〜9の数値とアルファベット(A〜F)を使って表現する。

0	1	2	3	4	5	6	7	8	9	10	11	12	13	14	15
↓	↓	↓	↓	↓	↓	↓	↓	↓	↓	↓	↓	↓	↓	↓	↓
0	1	2	3	4	5	6	7	8	9	A	B	C	D	E	F

従って、答えは次のようになる。
　　769852(十)=BBF3C(十六)

第8章 日常生活で使える変換の技術

8-23 対数で大きな数の概数を速算する

ポイント

$$\text{logを使うと } 3^{100} \fallingdotseq 5.13 \times 10^{47}$$

現実の生活とはかけ離れた、とてつもなく大きな数字や金額などは、巨大数とか天文学的数と呼ばれる。実際、天文学者は天文学的な計算に従事し、途方もなく大きな数を扱うことに時間を消費していたが、それを大幅に省力化してくれたのが対数である。対数は天文学者のこの苦労を大幅に減らしたといわれている。

天文学者は大きな数を扱うので計算が大変だよ〜

ここでは、3^{100} を例にして、その醍醐味を体験してみよう。この 3^{100} は、3を100回掛けるということである。**5-6** で $2^{10} \fallingdotseq 1000$ として概数計算に役立てたが、3^{100} ではそんな便利な概数は存在しない。しかし、対数 (log) を使うと、その概数が出せる。ここで、

「$y = \log_a x$ とは、$x = a^y$ のことである」 …… ①

たとえば、$y = \log_2 8$ はどんな数かといえば、①より $8 = 2^y$ を満

195

たす y のことだから3を意味する。そして、この3のことを、2を
底とする8の**対数**というのである。

特に、底 a を10とした対数は**常用対数**と呼ばれ、数値計算でよ
く使われる。常用対数では底の10を省略して、たんに $y = \log x$
と書くことにする。

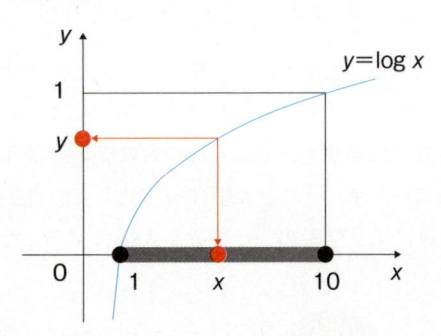

この対数はよく使われるので、$1 \leq x < 10$ である x の値に対して
$y = \log x$ の値がすぐわかるように表がつくられており、この表は
常用対数表（198ページ参照）と呼ばれている。

それでは常用対数表を用いて 3^{100} がどんな数か調べてみよう。
常用対数表より $\log 3 = 0.4771$ であることがわかる。従って、3^{100}
の対数をとると、対数の性質（右ページ）から、

$$\log 3^{100} = 100 \log 3 = 100 \times 0.4771 = 47.71$$

これと指数法則から次の計算ができる。

$$3^{100} = 10^{47.71} = 10^{47 + 0.71} = 10^{47} \times 10^{0.71}$$

ここで、$x = 10^{0.71}$ として、これを①を使ってlogで書き換えると、

$$0.71 = \log x$$

ここで常用対数表を逆に見ると、$x = 5.13$であることがわかる。つまり、$10^{0.71} = 5.13$となる。

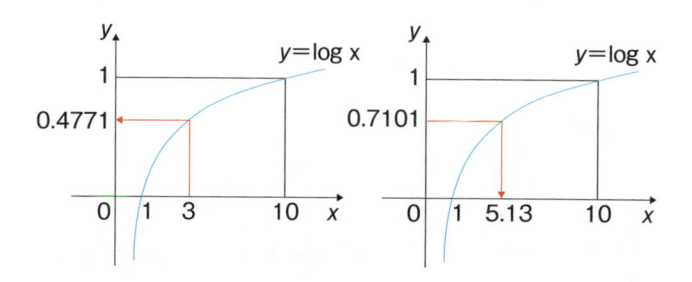

よって、$3^{100} = 10^{47.71} = 10^{0.71} \times 10^{47} \fallingdotseq 5.13 \times 10^{47}$となる。

指数法則と対数の性質

指数についての次の計算法則を指数法則という。

$a^m a^n = a^{m+n}$、$(a^m)^n = a^{mn}$、$(ab)^n = a^n b^n$ …… 指数法則

ただし、$a > 0$、$b > 0$とする。

指数法則と対数の定義（195ページの①）から次のことが成り立つ。

$\log_a MN = \log_a M + \log_a N$、$\log_a \dfrac{M}{N} = \log_a M - \log_a N$
$\log_a M^n = n \log_a M$

ただし、$a > 0$、$a \neq 1$、$M > 0$、$N > 0$とする。

常用対数表

下記の表は、$y = \log_{10} x \, (1 \leq x < 10)$ の x に対して y を求めるものである。縦の項目が x の一の位と小数第一位の値で、横の項目が x の小数第二位の値である。横縦が交差したところが y の値である。

log3=0.4771

	0	1	2	3	4	5	6	7	8	9
1.0	0.0000	0.0043	0.0086	0.0128	0.0170	0.0212	0.0253	0.0294	0.0334	0.0374
1.1	0.0414	0.0453	0.0492	0.0531	0.0569	0.0607	0.0645	0.0682	0.0719	0.0755
1.2	0.0792	0.0828	0.0864	0.0899	0.0934	0.0969	0.1004	0.1038	0.1072	0.1106
1.3	0.1139	0.1173	0.1206	0.1239	0.1271	0.1303	0.1335	0.1367	0.1399	0.1430
1.4	0.1461	0.1492	0.1523	0.1553	0.1584	0.1614	0.1644	0.1673	0.1703	0.1732
1.5	0.1761	0.1790	0.1818	0.1847	0.1875	0.1903	0.1931	0.1959	0.1987	0.2014
1.6	0.2041	0.2068	0.2095	0.2122	0.2148	0.2175	0.2201	0.2227	0.2253	0.2279
1.7	0.2304	0.2330	0.2355	0.2380	0.2405	0.2430	0.2455	0.2480	0.2504	0.2529
1.8	0.2553	0.2577	0.2601	0.2625	0.2648	0.2672	0.2695	0.2718	0.2742	0.2765
1.9	0.2788	0.2810	0.2833	0.2856	0.2878	0.2900	0.2923	0.2945	0.2967	0.2989
2.0	0.3010	0.3032	0.3054	0.3075	0.3096	0.3118	0.3139	0.3160	0.3181	0.3201
2.1	0.3222	0.3243	0.3263	0.3284	0.3304	0.3324	0.3345	0.3365	0.3385	0.3404
2.2	0.3424	0.3444	0.3464	0.3483	0.3502	0.3522	0.3541	0.3560	0.3579	0.3598
2.3	0.3617	0.3636	0.3655	0.3674	0.3692	0.3711	0.3729	0.3747	0.3766	0.3784
2.4	0.3802	0.3820	0.3838	0.3856	0.3874	0.3892	0.3909	0.3927	0.3945	0.3962
2.5	0.3979	0.3997	0.4014	0.4031	0.4048	0.4065	0.4082	0.4099	0.4116	0.4133
2.6	0.4150	0.4166	0.4183	0.4200	0.4216	0.4232	0.4249	0.4265	0.4281	0.4298
2.7	0.4314	0.4330	0.4346	0.4362	0.4378	0.4393	0.4409	0.4425	0.4440	0.4456
2.8	0.4472	0.4487	0.4502	0.4518	0.4533	0.4548	0.4564	0.4579	0.4594	0.4609
2.9	0.4624	0.4639	0.4654	0.4669	0.4683	0.4698	0.4713	0.4728	0.4742	0.4757
3.0	0.4771	0.4786	0.4800	0.4814	0.4829	0.4843	0.4857	0.4871	0.4886	0.4900
3.1	0.4914	0.4928	0.4942	0.4955	0.4969	0.4983	0.4997	0.5011	0.5024	0.5038
3.2	0.5051	0.5065	0.5079	0.5092	0.5105	0.5119	0.5132	0.5145	0.5159	0.5172
3.3	0.5185	0.5198	0.5211	0.5224	0.5237	0.5250	0.5263	0.5276	0.5289	0.5302
3.4	0.5315	0.5328	0.5340	0.5353	0.5366	0.5378	0.5391	0.5403	0.5416	0.5428
3.5	0.5441	0.5453	0.5465	0.5478	0.5490	0.5502	0.5514	0.5527	0.5539	0.5551
3.6	0.5563	0.5575	0.5587	0.5599	0.5611	0.5623	0.5635	0.5647	0.5658	0.5670
3.7	0.5682	0.5694	0.5705	0.5717	0.5729	0.5740	0.5752	0.5763	0.5775	0.5786
3.8	0.5798	0.5809	0.5821	0.5832	0.5843	0.5855	0.5866	0.5877	0.5888	0.5899
3.9	0.5911	0.5922	0.5933	0.5944	0.5955	0.5966	0.5977	0.5988	0.5999	0.6010
4.0	0.6021	0.6031	0.6042	0.6053	0.6064	0.6075	0.6085	0.6096	0.6107	0.6117
4.1	0.6128	0.6138	0.6149	0.6160	0.6170	0.6180	0.6191	0.6201	0.6212	0.6222
4.2	0.6232	0.6243	0.6253	0.6263	0.6274	0.6284	0.6294	0.6304	0.6314	0.6325
4.3	0.6335	0.6345	0.6355	0.6365	0.6375	0.6385	0.6395	0.6405	0.6415	0.6425
4.4	0.6435	0.6444	0.6454	0.6464	0.6474	0.6484	0.6493	0.6503	0.6513	0.6522
4.5	0.6532	0.6542	0.6551	0.6561	0.6571	0.6580	0.6590	0.6599	0.6609	0.6618
4.6	0.6628	0.6637	0.6646	0.6656	0.6665	0.6675	0.6684	0.6693	0.6702	0.6712
4.7	0.6721	0.6730	0.6739	0.6749	0.6758	0.6767	0.6776	0.6785	0.6794	0.6803
4.8	0.6812	0.6821	0.6830	0.6839	0.6848	0.6857	0.6866	0.6875	0.6884	0.6893
4.9	0.6902	0.6911	0.6920	0.6928	0.6937	0.6946	0.6955	0.6964	0.6972	0.6981

第8章 日常生活で使える変換の技術

$x=5.13$ から $10^{0.71}=5.13$

	0	1	2	3	4	5	6	7	8	9
5.0	0.6990	0.6998	0.7007	0.7016	0.7024	0.7033	0.7042	0.7050	0.7059	0.7067
5.1	0.7076	0.7084	0.7093	0.7101	0.7110	0.7118	0.7126	0.7135	0.7143	0.7152
5.2	0.7160	0.7168	0.7177	0.7185	0.7193	0.7202	0.7210	0.7218	0.7226	0.7235
5.3	0.7243	0.7251	0.7259	0.7267	0.7275	0.7284	0.7292	0.7300	0.7308	0.7316
5.4	0.7324	0.7332	0.7340	0.7348	0.7356	0.7364	0.7372	0.7380	0.7388	0.7396
5.5	0.7404	0.7412	0.7419	0.7427	0.7435	0.7443	0.7451	0.7459	0.7466	0.7474
5.6	0.7482	0.7490	0.7497	0.7505	0.7513	0.7520	0.7528	0.7536	0.7543	0.7551
5.7	0.7559	0.7566	0.7574	0.7582	0.7589	0.7597	0.7604	0.7612	0.7619	0.7627
5.8	0.7634	0.7642	0.7649	0.7657	0.7664	0.7672	0.7679	0.7686	0.7694	0.7701
5.9	0.7709	0.7716	0.7723	0.7731	0.7738	0.7745	0.7752	0.7760	0.7767	0.7774
6.0	0.7782	0.7789	0.7796	0.7803	0.7810	0.7818	0.7825	0.7832	0.7839	0.7846
6.1	0.7853	0.7860	0.7868	0.7875	0.7882	0.7889	0.7896	0.7903	0.7910	0.7917
6.2	0.7924	0.7931	0.7938	0.7945	0.7952	0.7959	0.7966	0.7973	0.7980	0.7987
6.3	0.7993	0.8000	0.8007	0.8014	0.8021	0.8028	0.8035	0.8041	0.8048	0.8055
6.4	0.8062	0.8069	0.8075	0.8082	0.8089	0.8096	0.8102	0.8109	0.8116	0.8122
6.5	0.8129	0.8136	0.8142	0.8149	0.8156	0.8162	0.8169	0.8176	0.8182	0.8189
6.6	0.8195	0.8202	0.8209	0.8215	0.8222	0.8228	0.8235	0.8241	0.8248	0.8254
6.7	0.8261	0.8267	0.8274	0.8280	0.8287	0.8293	0.8299	0.8306	0.8312	0.8319
6.8	0.8325	0.8331	0.8338	0.8344	0.8351	0.8357	0.8363	0.8370	0.8376	0.8382
6.9	0.8388	0.8395	0.8401	0.8407	0.8414	0.8420	0.8426	0.8432	0.8439	0.8445
7.0	0.8451	0.8457	0.8463	0.8470	0.8476	0.8482	0.8488	0.8494	0.8500	0.8506
7.1	0.8513	0.8519	0.8525	0.8531	0.8537	0.8543	0.8549	0.8555	0.8561	0.8567
7.2	0.8573	0.8579	0.8585	0.8591	0.8597	0.8603	0.8609	0.8615	0.8621	0.8627
7.3	0.8633	0.8639	0.8645	0.8651	0.8657	0.8663	0.8669	0.8675	0.8681	0.8686
7.4	0.8692	0.8698	0.8704	0.8710	0.8716	0.8722	0.8727	0.8733	0.8739	0.8745
7.5	0.8751	0.8756	0.8762	0.8768	0.8774	0.8779	0.8785	0.8791	0.8797	0.8802
7.6	0.8808	0.8814	0.8820	0.8825	0.8831	0.8837	0.8842	0.8848	0.8854	0.8859
7.7	0.8865	0.8871	0.8876	0.8882	0.8887	0.8893	0.8899	0.8904	0.8910	0.8915
7.8	0.8921	0.8927	0.8932	0.8938	0.8943	0.8949	0.8954	0.8960	0.8965	0.8971
7.9	0.8976	0.8982	0.8987	0.8993	0.8998	0.9004	0.9009	0.9015	0.9020	0.9025
8.0	0.9031	0.9036	0.9042	0.9047	0.9053	0.9058	0.9063	0.9069	0.9074	0.9079
8.1	0.9085	0.9090	0.9096	0.9101	0.9106	0.9112	0.9117	0.9122	0.9128	0.9133
8.2	0.9138	0.9143	0.9149	0.9154	0.9159	0.9165	0.9170	0.9175	0.9180	0.9186
8.3	0.9191	0.9196	0.9201	0.9206	0.9212	0.9217	0.9222	0.9227	0.9232	0.9238
8.4	0.9243	0.9248	0.9253	0.9258	0.9263	0.9269	0.9274	0.9279	0.9284	0.9289
8.5	0.9294	0.9299	0.9304	0.9309	0.9315	0.9320	0.9325	0.9330	0.9335	0.9340
8.6	0.9345	0.9350	0.9355	0.9360	0.9365	0.9370	0.9375	0.9380	0.9385	0.9390
8.7	0.9395	0.9400	0.9405	0.9410	0.9415	0.9420	0.9425	0.9430	0.9435	0.9440
8.8	0.9445	0.9450	0.9455	0.9460	0.9465	0.9469	0.9474	0.9479	0.9484	0.9489
8.9	0.9494	0.9499	0.9504	0.9509	0.9513	0.9518	0.9523	0.9528	0.9533	0.9538
9.0	0.9542	0.9547	0.9552	0.9557	0.9562	0.9566	0.9571	0.9576	0.9581	0.9586
9.1	0.9590	0.9595	0.9600	0.9605	0.9609	0.9614	0.9619	0.9624	0.9628	0.9633
9.2	0.9638	0.9643	0.9647	0.9652	0.9657	0.9661	0.9666	0.9671	0.9675	0.9680
9.3	0.9685	0.9689	0.9694	0.9699	0.9703	0.9708	0.9713	0.9717	0.9722	0.9727
9.4	0.9731	0.9736	0.9741	0.9745	0.9750	0.9754	0.9759	0.9763	0.9768	0.9773
9.5	0.9777	0.9782	0.9786	0.9791	0.9795	0.9800	0.9805	0.9809	0.9814	0.9818
9.6	0.9823	0.9827	0.9832	0.9836	0.9841	0.9845	0.9850	0.9854	0.9859	0.9863
9.7	0.9868	0.9872	0.9877	0.9881	0.9886	0.9890	0.9894	0.9899	0.9903	0.9908
9.8	0.9912	0.9917	0.9921	0.9926	0.9930	0.9934	0.9939	0.9943	0.9948	0.9952
9.9	0.9956	0.9961	0.9965	0.9969	0.9974	0.9978	0.9983	0.9987	0.9991	0.9996

西暦・元号・年齢早見表（2015年）

2015	2014	2013	2012	2011	2010	2009	2008	2007	2006
平成27	平成26	平成25	平成24	平成23	平成22	平成21	平成20	平成19	平成18
0歳	1歳	2歳	3歳	4歳	5歳	6歳	7歳	8歳	9歳
2005	2004	2003	2002	2001	2000	1999	1998	1997	1996
平成17	平成16	平成15	平成14	平成13	平成12	平成11	平成10	平成9	平成8
10歳	11歳	12歳	13歳	14歳	15歳	16歳	17歳	18歳	19歳
1995	1994	1993	1992	1991	1990	1989	1988	1987	1986
平成7	平成6	平成5	平成4	平成3	平成2	平成1	昭和63	昭和62	昭和61
20歳	21歳	22歳	23歳	24歳	25歳	26歳	27歳	28歳	29歳
1985	1984	1983	1982	1981	1980	1979	1978	1977	1976
昭和60	昭和59	昭和58	昭和57	昭和56	昭和55	昭和54	昭和53	昭和52	昭和51
30歳	31歳	32歳	33歳	34歳	35歳	36歳	37歳	38歳	39歳
1975	1974	1973	1972	1971	1970	1969	1968	1967	1966
昭和50	昭和49	昭和48	昭和47	昭和46	昭和45	昭和44	昭和43	昭和42	昭和41
40歳	41歳	42歳	43歳	44歳	45歳	46歳	47歳	48歳	49歳
1965	1964	1963	1962	1961	1960	1959	1958	1957	1956
昭和40	昭和39	昭和38	昭和37	昭和36	昭和35	昭和34	昭和33	昭和32	昭和31
50歳	51歳	52歳	53歳	54歳	55歳	56歳	57歳	58歳	59歳
1955	1954	1953	1952	1951	1950	1949	1948	1947	1946
昭和30	昭和29	昭和28	昭和27	昭和26	昭和25	昭和24	昭和23	昭和22	昭和21
60歳	61歳	62歳	63歳	64歳	65歳	66歳	67歳	68歳	69歳
1945	1944	1943	1942	1941	1940	1939	1938	1937	1936
昭和20	昭和19	昭和18	昭和17	昭和16	昭和15	昭和14	昭和13	昭和12	昭和11
70歳	71歳	72歳	73歳	74歳	75歳	76歳	77歳	78歳	79歳
1935	1934	1933	1932	1931	1930	1929	1928	1927	1926
昭和10	昭和9	昭和8	昭和7	昭和6	昭和5	昭和4	昭和3	昭和2	昭和1
80歳	81歳	82歳	83歳	84歳	85歳	86歳	87歳	88歳	89歳
1925	1924	1923	1922	1921	1920	1919	1918	1917	1916
大正14	大正13	大正12	大正11	大正10	大正9	大正8	大正7	大正6	大正5
90歳	91歳	92歳	93歳	94歳	95歳	96歳	97歳	98歳	99歳
1915	1914	1913	1912	1911	1910	1909	1908	1907	1906
大正4	大正3	大正2	大正1	明治44	明治43	明治42	明治41	明治40	明治39
100歳	101歳	102歳	103歳	104歳	105歳	106歳	107歳	108歳	109歳
1905	1904	1903	1902	1901	1900	1899	1898	1897	1896
明治38	明治37	明治36	明治35	明治34	明治33	明治32	明治31	明治30	明治29
110歳	111歳	112歳	113歳	114歳	115歳	116歳	117歳	118歳	119歳
1895	1894	1893	1892	1891	1890	1889	1888	1887	1886
明治28	明治27	明治26	明治25	明治24	明治23	明治22	明治21	明治20	明治19
120歳	121歳	122歳	123歳	124歳	125歳	126歳	127歳	128歳	129歳

（注）昭和64年は平成1年、大正15年は昭和1年、明治45年は大正1年。

第9章

論理的に即断するための知識

論理的思考はビジネスシーンはもちろん、日常生活のあらゆるシーンで求められる。論理的な説明なしに他人を説得するのは難しいし、論理的に思考できなければ、ウマい話の矛盾に気が付かず、だまされることもある。ここでは論理的思考の基本を身に付けよう。

9-1 「すべての大人はお金持ち」を否定すると?

ポイント

「すべてのxはp」の否定は「あるxはpでない」

就職試験などは問題数が多く、解答時間は少ない。即答しないと得点を稼げない。たとえば、「すべての大人はお金持ちである、を否定したらどうなるか」という問題が出たら、瞬時に「お金持ちでない大人もいる」と解答を出したい。

では、なぜ、「すべての大人はお金持ちである」の否定が「お金持ちでない大人もいる」になるのか、少し考えてみよう。

そのために、「大人」という条件を満たす人の集合をXとし、「お金持ち」という条件を満たす人の集合をPとして図示してみる(図1、図2)。四角い枠は「人間全体」を示している(こういう図をベン図という)。

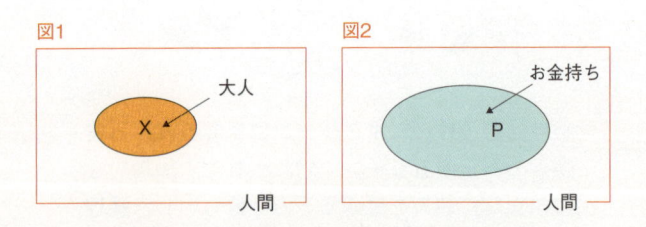

図1

大人
X

人間

図2

お金持ち
P

人間

ここで、「すべての大人はお金持ちである」ということは、「大人という条件を満たす人間は、誰でもお金持ちという条件を満たす」ということだから「大人の集合Xがお金持ちの集合Pの中にスッポリ収まってしまう」ことになる(図3)。

さて、問題の「すべての大人はお金持ちである」の否定は「Xは

第9章 論理的に即断するための知識

図3

(大人) X, (お金持ち) P, 人間

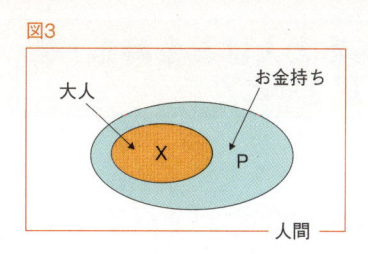

Pの中にスッポリ収まってしまう」ことはないということだから、XはPからはみ出すことになる。つまり、下の図4、5のいずれかだ。

従って、いずれの場合でも「お金持ちでない大人もいる」、つまり、「ある大人はお金持ちでない」ということになる。

図4

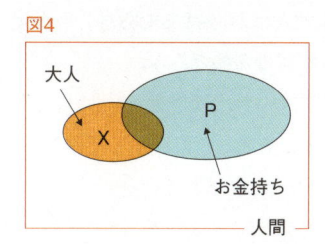

大人 X, お金持ち P, 人間

図5

大人 X, お金持ち P, 人間

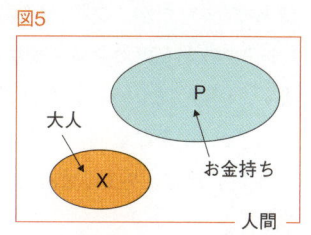

ここで、「大人」という条件を x、「お金持ち」という条件を p で書き換えれば、「**すべての x は p**」の否定は「**ある x は p でない**」となることがわかる。

練習

(1)「すべての学生は勉強する」の否定はなにか？

(答)「ある学生は勉強しない」

(2)「人間は嘘をつかない」の否定はなにか？

(答)「ある人間は嘘をつく」

9-2 「ある大人はお金持ち」を否定すると?

ポイント

「あるxはp」の否定は「すべてのxはpでない」

　面接で、「ある大人はお金持ちである、を否定したらどうなるか」と聞かれ、万一、「ある大人はお金持ちでない」と答えたら、論理的思考に欠陥があるのではと疑われてしまうかもしれない。計算ミス以上に、人間的に信用をなくす。答えは「すべての大人はお金持ちでない」だが、なぜ、「ある大人はお金持ちである」の否定が「すべての大人はお金持ちでない」になるのだろうか。

　まず、「大人」という条件を満たす人の集合をXとし(図1)、「お金持ち」という条件を満たす人の集合をPとして図示してみる(図2)。四角い枠は、**9-1**同様に「人間全体」を示している。

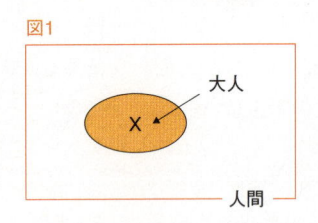

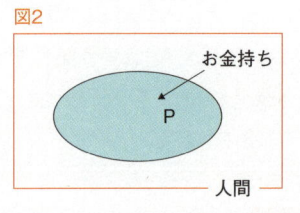

図1　大人 X　人間

図2　お金持ち P　人間

　ここで、「ある大人はお金持ちである」ということは、「お金持ちである大人がいる」ということである。従って「大人の全部Xがお金持ちPの中にスッポリ収まっている」(図3)か「大人の一部、つまり、Xの一部がお金持ちPの中に収まっている」(図4)ことになる。

　すると、「ある大人はお金持ちである」の否定は、上の2つのい

図3 大人 お金持ち X P 人間

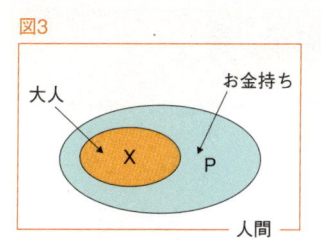

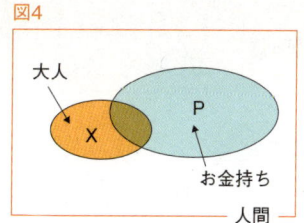

図4 大人 X P お金持ち 人間

ずれでもないのだから「XはPの外に出てしまう」ことになる。つまり、図5のようになっている。

従って、「大人はすべてお金持ちでない」、つまり「すべての大人はお金持ちでない」ということになる。ここで「大人」という条件をx、「お金持ち」という条件をpで書き換えれば、「あるxはp」の否定は「すべてのxはpでない」となることがわかる。

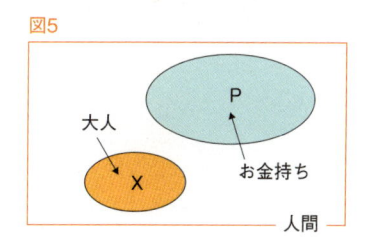

図5 P お金持ち 大人 X 人間

練習

(1)「ある木の実は赤い」の否定はなにか？
　　　　　　　　　　　　(答)「どの木の実も赤くない」

(2)「ある鳥は飛べない」の否定はなにか？
　　　　　　　　　　　　(答)「すべての鳥は飛べる」

(3)「英語を話せる人がいる」の否定はなにか？
　　　　　　　　　　　　(答)「誰も英語を話せない」

9-3 「18歳以上の男子」を否定すると?

ポイント

$$\overline{p かつ q} = \overline{p} または \overline{q}$$

「18歳以上の男子でない人々とはどんな人か」と質問されたときは、どう答えればよいだろうか。「18歳以上の男子」を「18歳以上、かつ男子」と考えてみよう。すると、その否定は「18歳未満の男子か、女子」である。このような判断も瞬時にできるようにしておきたい。そのためには、冒頭の論理式を頭に入れておくとよいだろう。ここで、記号「─」は否定を意味する。

いま、pという条件を満たすものの集合をP、qという条件を満たすものの集合をQとして、図1〜2で考えてみる。四角い枠は考えている全体を示している。

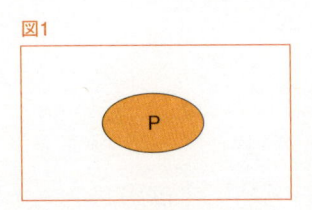

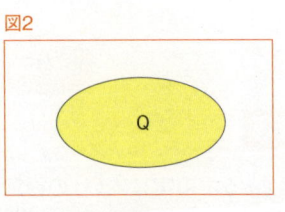

図1

図2

このとき、「pかつq」を満たすものの集まりは両方の条件を満たすものの集まりだから、図3で2つが重なった濃いオレンジ色

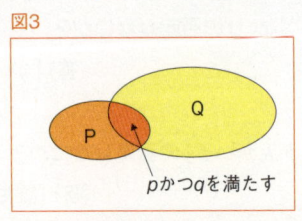

図3

pかつqを満たす

の部分になる。なぜなら「pかつq」とは「両方を満たす」ことをいうからだ。

すると、「pかつq」でないものの集まりは、図4の青色の部分である。

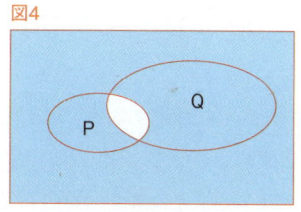

図4

これは、「pでない、またはqでない」を満たす部分と一致する。「または」は、少なくとも一方を満たしているか、両方を満たしているかのどちらでもよい。

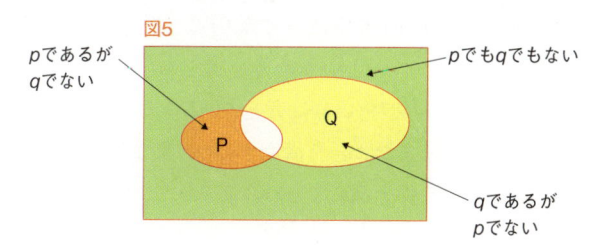

図5
pであるがqでない
pでもqでもない
qであるがpでない

ベン図を使うと、「pかつq」の否定は「pでない、またはqでない」、つまり「$\overline{p かつ q} = \overline{p} または \overline{q}$」になることがよくわかる(図5)。

練習

(1)「30歳未満の独身」の否定はなにか?

(答)「30歳以上か既婚者」

(2)「日本人の男」の否定はなにか?

(答)「外国人か女」

9-4 「18歳以上か男子」を否定すると?

ポイント

$$\overline{p\text{または}q} = \overline{p}\text{かつ}\overline{q}$$

「18歳以上か男子か、を否定すると?」と質問されたらどう答えるだろうか。「18歳以上か、男子か」といえば「18歳以上、または男子のどちらか」ということ。だからその否定はそのどちらでもないことで、「18歳未満かつ女子」となる。「18歳未満か、または女子」と思った人もいるかもしれないが、「18歳未満」だけだと「男子の15歳」も含まれてしまうので間違いである。

では、ベン図を使って少し考えてみよう。pという条件を満たすものの集合をPとし、qという条件を満たすものの集合をQとする(図1〜3)。図の四角い枠は考えている全体を示している。

このとき、条件「pまたはq」を満たすものの集まりは、いずれか少なくとも一方の条件を満たすものの集まりだから、図3の着色

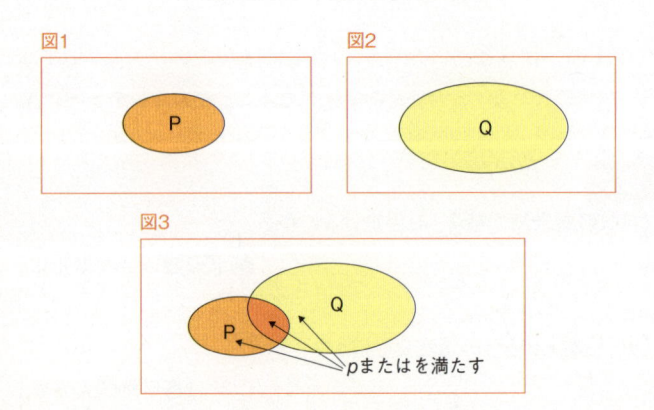

図1

P

図2

Q

図3

P　Q

pまたはを満たす

部分になる。

「または」という場合は「少なくとも一方」が成り立てばよい。もちろん、両方を満たしていてもよい。すると、「pまたはq」でないものの集まりは、図4の青い部分である。これは、「pでない、かつqでない」を満たす部分と一致する（図5）。

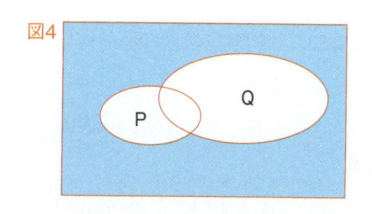

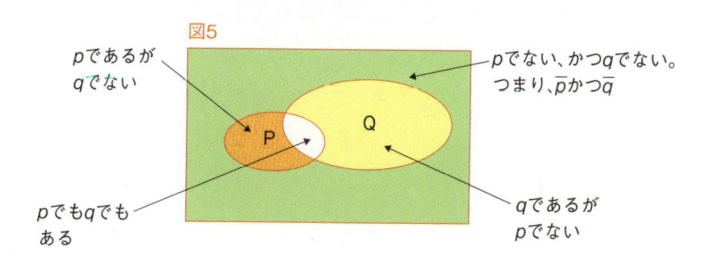

図4

図5
- pであるがqでない
- pでない、かつqでない。つまり、$\bar{p}$かつ$\bar{q}$
- pでもqでもある
- qであるがpでない

従って、「pまたはq」の否定は「pでない、かつqでない」になるのである。つまり、「$\overline{p\text{または}q} = \bar{p}\text{かつ}\bar{q}$」となる。9-3同様、就職試験にもよく出てくるのでしっかり覚えておこう。

練習
(1)「女性または子供」の否定はなにか？

（答）「男性かつ大人」

(2)「運転免許証または保険証」の否定はなにか？

（答）「運転免許証でも保険証でもない」

9-5 「雨が降れば道は濡れる」の「逆」は?

ポイント

「pならばq」の逆は「qならばp」

「雨が降れば道は濡れる」の「逆」はなにか——。「雨が降らなければ道は濡れない」と答える人が少なくない。実は「逆」という場合は「道が濡れていれば雨が降った」となる。「逆に」というときには前後を入れ替えるのだ。

ただし、「逆」で注意しておきたいことがある。それは、元の事柄や論理がたとえ正しくても（雨が降れば道は濡れる）、「逆」の論理が正しいとは限らないことだ。

たしかに「雨が降れば道は濡れる」だろうが、道が濡れていても打ち水をしたのかもしれない。つまり、有名な次の言葉につながる。

「逆は必ずしも真ならず」

「xが人間ならばxは動物」は正しい。けれども、「逆」である「xが動物ならばxは人間である」は正しいとはいえない。サルかもしれないし、トラかもしれない。この例からわかるように、「pならばq」が正しいことを集合で示すと、pを満たす集合Pは、qを満たす集合Qにスッポリ入ってしまうことである。

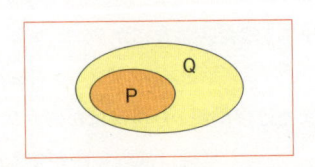

9-6 「雨が降れば道は濡れる」の「裏」は?

ポイント

「pならばq」の裏は「(pでない)ならば(qでない)」

「雨が降れば道は濡れる。逆に、雨が降らなければ道は濡れない」という表現をする人がいる。政治家の国会答弁でも、「税金を上げれば国民の生活は苦しくなる。逆に、税金を上げなければ苦しくはならない」などと。気持ちはわかるが、残念ながら両方とも間違いである。正しくは「逆」ではなく、論理の世界では「裏」なのである。「pならばq」の「逆」は、あくまでも、pとqを入れ替えた「qならばp」である。「pならばq」に対して「(pでない)ならば(qでない)」は「裏」と呼ばれるものなのである。

「裏」で注意しなければいけないのは、「逆」と同じように元が正しくても「裏は必ずしも真ならず」ということである。「雨が降れば道は濡れる」は正しいが、その裏は「雨が降らなければ道は濡れない」となり正しくない。打ち水で道が濡れることだってある。

「pならばq」が正しければ、pを満たすものの集合Pは、qを満たすものの集合Qに含まれるが、このとき、Pではないが、Qである要素xが存在する可能性がある。この要素xはpではないがqを満たすことになる。

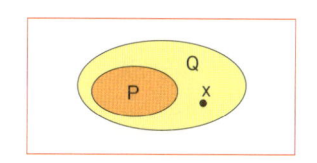

9-7 「道路が濡れていないので雨が降らなかった」の「対偶」は?

ポイント

「pならばq」=「(qでない)ならば(pでない)」

「道路が濡れていないので、雨が降らなかった」……①
といわれると、ちょっと戸惑わないだろうか? 「これは正しい判断なのか?」と。我々は「否定された前提のもとでは考えにくい」のである。しかし、次のことが頭に入っていれば、このような判断の是非で悩むことはない。

「qでないならばpでない」と「pならばq」は同じ……※

これを使うと、①は「雨が降れば、道路は濡れる」……②
と同じことになる。②は正しいと認められるので、①も正しいことになる。

一般に、「pならばq」に対して「qでないならばpでない」のことをお互いに「対偶」であるという。先の①と②はお互いに対偶なのである。

「pならばq」が正しいということは、pを満たすものの集合Pがqを満たすものの集合Qに含まれることであった(**9-6**)。このときには必ず、qを満たさないものの集合$\overline{Q}$は、pを満たさないものの集合$\overline{P}$に含まれている。したがって、上記の※が成り立つのだ。

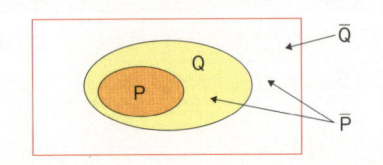

参考 「逆」「裏」「対偶」の関係

9-5、**9-6**、**9-7**で、「逆」「裏」「対偶」という論理用語が立て続けに出てきた。なんだかツラいモノがあるかもしれない。そこで、これらを個々に扱うのではなく、同時に見てみよう。すると、これらの関係は下の図で表されることになる。

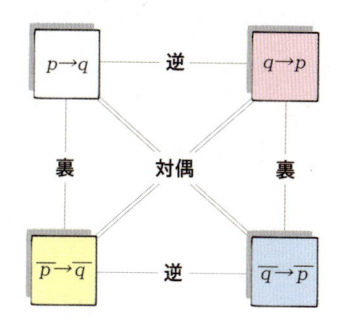

```
  ┌─────────┐      逆      ┌─────────┐
  │  p→q   │──────────────│  q→p   │
  └─────────┘              └─────────┘
       │ ╲              ╱ │
       │   ╲  対偶    ╱   │
   裏  │     ╲      ╱     │  裏
       │       ╲  ╱       │
       │       ╱  ╲       │
       │     ╱      ╲     │
  ┌─────────┐      逆      ┌─────────┐
  │  p̄→q̄   │──────────────│  q̄→p̄   │
  └─────────┘              └─────────┘
```

ここで、記号「→」は、「ならば」と読む。つまり、「$p \to q$」は「pならばq」を意味する。また、記号「$\bar{p}$」は「pでない」と読み、pの否定を意味する。なお、記号p、qは「条件」と呼ばれ、「$p \to q$」は、真か偽が判定できる文章や式で「命題」と呼ばれる。

ここで大事なのは、「対偶」命題同士は真偽が必ず一致するが、「逆」命題同士や「裏」命題同士は、真偽が必ずしも一致しないということである。

(例)

平家が全盛を極めた平清盛の時代、「平氏にあらずんば人にあらず」という言葉が生まれた。これは「p：平氏である」「q：人である」とすると、$\bar{p} \to \bar{q}$と書ける。したがって、この対偶命題は$q \to p$、つまり「人であれば、それは平氏である」ということになる。

9-8 「必要」と「十分」を即断する

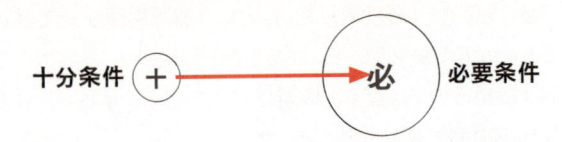

十分条件 （十 ━━━▶ 必） 必要条件

「必要」とか「十分」という言葉をよく聞く。しかし、これらの言葉を適切に使い分けようとすると、迷うことがある。一般に、「pならばq」が正しいとき、pであることはqであるための十分条件、qであることはpであるための必要条件であるという。

$$p \rightarrow q$$
(十分条件)　　(必要条件)

たとえば、「xが人間ならばxは動物」は正しいので、「人間」であることは「動物」であるための十分条件である。また、「動物」であることは「人間」であるための必要条件である。必要とか十分の意味を考えだすと、迷いが生じ判断が遅れる。そこで、冒頭の図のように「ならば」を矢印で表現し、矢羽（やばね）が「十分」の「十」で、鏃（やじり）が「必要」の「必」に相当すると見なせば、判断に迷いがない。なお、次の図も「必要」か「十分」かのすばやい判断の助けになる。

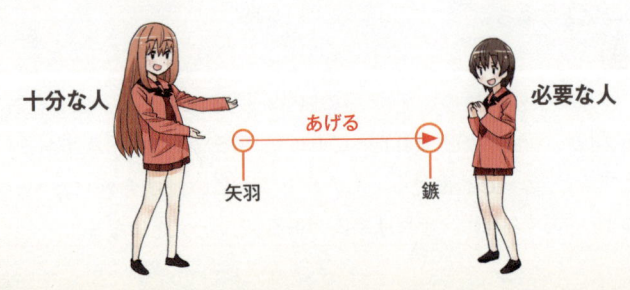

十分な人　　　あげる　　　必要な人
　　　　　矢羽　　　鏃

索引

数・英

9の取り去りの定理	133
9割の定理	133、135、136、138、141、143
log	171、195〜198

あ・か

逸失利益	172、173
開立（かいりつ）	74
基準数	18、38、39、73、94
甲子（きのえね）	168
逆数	82
九去法	128、132〜134、136〜140、142、143
甲子園球場	177

さ

算木	152、153
算盤（さんばん）	153〜155
指数法則	122、196、197
十二支表	168
十分条件	214
十進数	17、189〜193
消極損害	172
常用対数	196
常用対数表	196〜198
身体尺	180
生活費控除率	172、173
接頭語	144
測定値	123、124
算盤（そろばん）	156

た

体感温度	186、187
対数	171、195〜198
ツェラーの公式	166、167
底（てい）	196
東京ドーム	177
等差数列の和	161
等比数列の和	161

な・は

二進数	189、191〜193
必要条件	214
フェアフィールドの公式	167
複利計算	160、171、173
平方根	108、119
ベン図	202、207、208
ホフマン係数	173

ま・や

丸める	114
有効桁数	124
有効数字	123〜126

ら・わ

ライプニッツ係数	172、173
リトルの公式	176
割り声	156

あいまいなデータから未来を予測する技術

図解・ベイズ統計「超」入門

涌井貞美

3刷

本体 1,200円

「ベイズ統計」は、最近、統計学やデータ解析の分野で名が知られるようになってきたテーマです。ベイズ統計が迷惑メールフィルターに応用されていることを知っている人もいるでしょう。ベイズ統計は「確率論」をベースにし、「融通がきく」「経験を生かせる」という2つの大きな特長があります。本書ではベイズ統計のキホンから、ベイズ統計を従来の統計学と融合し、ベイズ統計で正規分布データをあつかう方法まで解説します。

第1章	「ベイズ統計」ってなんだろう?	
第2章	確率の「4つの基本」を押さえよう	
第3章	「ベイズの定理」を理解しよう	
第4章	「ベイズの定理」を応用しよう	
第5章	「理由不十分の原則」と「ベイズ更新」を理解しよう	
第6章	「ベイズ統計学」を理解しよう	
第7章	正規分布データをベイズ統計で分析しよう	

曲線で囲まれた土地の面積をどう測る?
地球の重さをザックリと推定するには?

マンガでわかる 幾何

岡部恒治・本丸 諒

好評発売中

本体 952円

「幾何」というと「補助線をなかなか見つけられなかった……」「証明問題が苦手だった……」と昔をなつかしく、またほろ苦く思いだす方もいるでしょう。逆に「代数はつまらなかったけど、幾何は大好きだった!」という方もいるかもしれません。この本では、幾何が苦手だった人も、得意だった人も楽しめるように、マンガで幾何の魅力をゼロからわかりやすく解説します。

第1章	はじめに幾何学ありき	第5章	思わずナットク、体積へのアプローチ
第2章	幾何のキホンは「変形」にある!	第6章	合同・相似は奥が深い
第3章	円とπの不思議に挑戦する	第7章	積分で曲線図形の面積を求める
第4章	ピタゴラスの定理と三角比の知恵	第8章	不思議な「幾何宇宙」に触れてみる

素朴な疑問からゆる～く解説

マンガでわかる統計学

大上丈彦/著　メダカカレッジ/監修

7刷

本体952円

統計学というと「なんだか難しそうだな」と思うかもしれませんが、ポイントをしっかり押さえ、あまり本質的でないところにこだわらなければ、誰にでも確実に理解できます。「統計学ってなに?」という素朴な疑問から、マンガでゆる～く解説し、読み終わったときには、知らないうちに統計学が身についているという、いままでにない統計学の入門書です。

第1章	平均・分散・標準偏差	第4章	推測統計
第2章	正規分布	第5章	仮説検定
第3章	いろいろな分布		

中学数学で理解できる！

マンガでわかる
統計入門

今野紀雄

2刷

本体
952円

「統計学」は一見難しそうにみえますが、実は誰でも日常生活の中で、統計的な考え方をしています。たとえば「おみそ汁の味見」は、一部から全体を「推定」する統計的な考え方です。本書は、わかりやすいマンガやイラストを盛り込むことで統計学を体系的に基礎から理解でき、章末問題を解きながらしっかりと身につけられます。統計の世界をぜひ楽しんでください！

第1章	そもそも統計とはなんだろう?	第5章	分布
第2章	データの特徴	第6章	推定
第3章	確率の基礎	第7章	検定
第4章	確率変数	第8章	相関

巨大ネットワークがもつ法則を科学する

マンガでわかる
複雑ネットワーク

右田正夫・今野紀雄

好評発売中

本体
952円

人と人とのつながり、インターネット、食物連鎖、伝染病やコンピュータウイルスの感染経路――これらは現実世界に存在する巨大で込み入ったネットワークです。これらのネットワークは、なんの法則もなく無秩序に構成されているのでしょうか？ いいえ、実は密かに意外な法則をもっています。本書では、このような巨大で込み入った複雑ネットワークの秘密に迫ります！

第1章	複雑ネットワークってなに？	第5章	ランダム・グラフ
第2章	ネットワークの基礎	第6章	スモールワールド
第3章	ネットワークの特徴量	第7章	スケールフリー・ネットワーク
第4章	規則的なネットワーク	第8章	さまざまなネットワーク

論理的思考の基礎が身につく

大人のやりなおし中学数学

益子雅文

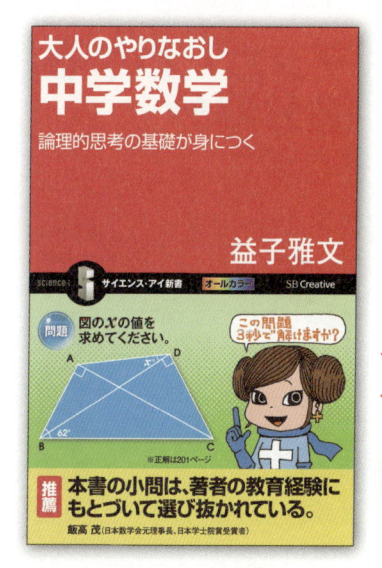

好評発売中

本体 1,200円

本書は通常の教科書や参考書と異なり、「計算編」（第1〜3章）、「関数編」（第4章）、「図形編」（第5章）、「確率編」（第6章）と、同じジャンルを「〜編」として一気に学んでしまうので、わかりやすく学べるのが特徴です。問題を一つ一つ解きながら、中学数学を修得するための「王道」を、「美少女数学戦隊マスレンジャー」といっしょにご案内しましょう。

第1章　正負の数と文字式［計算編］	第4章　関数［関数編］
第2章　方程式［計算編］	第5章　図形［図形編］
第3章　式の計算［計算編］	第6章　確率［確率編］

微積ってなにをしているの?
どうして教科書はわかりにくいの?

マンガでわかる微分積分

石山たいら・大上丈彦/著　メダカカレッジ/監修

8刷

本体952円

「微分積分」というと、難しいというイメージ。教科書を開けばいくつも公式があって覚えるのも大変そう。「そもそも私の人生に役立つの?」なんて思っていませんか? 微分積分が簡単だと言うつもりはありません。でもハダシで逃げ出すような相手でもないんです。公式は暗記じゃなくて自分でつくるうちに身につくもの。本書で微分積分への一歩を踏み出してください。

第1章　微分　　　　　第2章　積分

サイエンス・アイ新書 発刊のことば

science・i

「科学の世紀」の羅針盤

20世紀に生まれた広域ネットワークとコンピュータサイエンスによって、科学技術は目を見張るほど発展し、高度情報化社会が訪れました。いまや科学は私たちの暮らしに身近なものとなり、それなくしては成り立たないほど強い影響力を持っているといえるでしょう。

『サイエンス・アイ新書』は、この「科学の世紀」と呼ぶにふさわしい21世紀の羅針盤を目指して創刊しました。情報通信と科学分野における革新的な発明や発見を誰にでも理解できるように、基本の原理や仕組みのところから図解を交えてわかりやすく解説します。科学技術に関心のある高校生や大学生、社会人にとって、サイエンス・アイ新書は科学的な視点で物事をとらえる機会になるだけでなく、論理的な思考法を学ぶ機会にもなることでしょう。もちろん、宇宙の歴史から生物の遺伝子の働きまで、複雑な自然科学の謎も単純な法則で明快に理解できるようになります。

一般教養を高めることはもちろん、科学の世界へ飛び立つためのガイドとしてサイエンス・アイ新書シリーズを役立てていただければ、それに勝る喜びはありません。21世紀を賢く生きるための科学の力をサイエンス・アイ新書で培っていただけると信じています。

2006年10月

※サイエンス・アイ(Science i)は、21世紀の科学を支える情報(Information)、知識(Intelligence)、革新(Innovation)を表現する「i」からネーミングされています。

SB Creative

science·i

サイエンス・アイ新書

SIS-328

http://sciencei.sbcr.jp/

図解・速算の技術
一瞬で正確に計算するための極意

2015年4月25日 初版第1刷発行

著　者　涌井良幸
発行者　小川　淳
発行所　SBクリエイティブ株式会社
　　　　〒106-0032　東京都港区六本木2-4-5
　　　　編集：科学書籍編集部
　　　　　　　03(5549)1138
　　　　営業：03(5549)1201
装丁・組版　クニメディア株式会社
印刷・製本　図書印刷株式会社

乱丁・落丁本が万一ございましたら、小社営業部まで着払いにてご送付ください。送料小社負担にてお取り替えいたします。本書の内容の一部あるいは全部を無断で複写（コピー）することは、かたくお断りいたします。

©涌井良幸　2015　Printed in Japan　ISBN 978-4-7973-6659-4

SB Creative